LES
ÉRUPTIONS VOLCANIQUES

ET LES

TREMBLEMENTS DE TERRE

ŒUVRES DE CAMILLE FLAMMARION

OUVRAGES PHILOSOPHIQUES

La Pluralité des Mondes habités. 1 vol. in-12. 37ᵉ édition. . . . . 3 fr. 50
Les Mondes imaginaires et les Mondes réels. 1 vol. in-12. 23ᵉ édit. 3 fr. 50
La Fin du Monde. 1 vol. in-12. 16ᵉ mille. . . . . 3 fr. 50
Récits de l'Infini. Lumen. 1 vol. in-12. 14ᵉ édition . . . . 3 fr. 50
Lumen. Édition de luxe, illustrée par Lucien Rudaux. 1 beau vol. in-8ᵒ . . 5 fr. »
Lumen. Édition populaire. 1 vol. in-18. 57ᵉ mille. . . . . 0 fr. 60
Dieu dans la nature. 1 vol. in-12. 28ᵉ édition. . . . . 3 fr. 50
Les derniers jours d'un philosophe, de sir H. Davy. 1 vol. in-12. . . . 3 fr. 50
Uranie, roman sidéral. 1 vol. in-12. 30ᵉ mille. . . . . 3 fr. 50
Stella, roman sidéral. 1 vol. in-12. 10ᵉ mille. . . . . 3 fr. 50
L'Inconnu et les problèmes psychiques. 1 vol. in-12. 15ᵉ mille. . . 3 fr. 50

ASTRONOMIE PRATIQUE

La planète Mars et ses conditions d'habitabilité. Étude synthétique accompagnée de 580 dessins télescopiques et 23 cartes aérographiques. . . . . . 12 fr. »
La planète Vénus. Discussion générale des observations (94 dessins). 1 brochure in-8ᵒ . . . . 1 fr. »
Les Étoiles doubles. Catalogue des étoiles multiples en mouvement, avec les positions et la discussion des orbites. 1 vol. in-8ᵒ . . . . 8 fr. »
Les Éclipses du vingtième siècle visibles à Paris, avec 33 figures et 2 cartes. 1 brochure in-8ᵒ . . . . 1 fr. »
Les imperfections du Calendrier. Projet de réforme. 1 volume in-8ᵒ. 1 fr. »
Études sur l'Astronomie. Recherches sur diverses questions. 9 volumes in-18. Le volume . . . . 2 fr. 50
Grand Atlas céleste, contenant plus de cent mille étoiles. In-folio . . . . 45 fr. »
Grande Carte céleste, contenant toutes les étoiles visibles à l'œil nu. . . 6 fr. »
Planisphère mobile, donnant la position des étoiles pour chaque jour. . . 8 fr. »
Carte générale de la Lune . . . . 6 fr. »
Globes de la Lune et de la planète Mars . . . . 6 fr. »

ENSEIGNEMENT DE L'ASTRONOMIE

Astronomie populaire. Exposition des grandes découvertes de l'astronomie. 1 vol. grand in-8ᵒ, illustré. 100ᵉ mille . . . . 12 fr. »
Les Étoiles et les Curiosités du Ciel. Supplément de l'*Astronomie populaire*. 1 vol. grand in-8ᵒ, illustré. 55ᵉ mille. . . . . 12 fr. »
Les Merveilles célestes. 1 vol. in-8ᵒ, illustré. 53ᵉ mille . . . . 2 fr. 60
Les Terres du Ciel. Description des planètes. 50ᵉ mille. . . . . 12 fr. »
Petite Astronomie descriptive. 1 volume in-12, illustré. . . . . 1 fr. »
Qu'est-ce que le Ciel ? Précis d'astronomie. 1 volume in-18, illustré. . . 0 fr. 60
Copernic et le Système du monde. 1 volume in-18 . . . . 0 fr. 60
Petit Atlas astronomique de poche. 1 volume in-24. . . . . 1 fr. 50
Annuaires astronomiques pour chaque année. . . . . 1 fr. 25

SCIENCES GÉNÉRALES

Le Monde avant la création de l'Homme. 1 vol. gr. in-8ᵒ, ill. 56ᵉ mille. 12 fr. »
L'Atmosphère. Météorologie populaire. 1 vol. grand in-8ᵒ, ill. 28ᵉ mille. 12 fr. »
Mes Voyages aériens. 1 volume in-12 . . . . 3 fr. 50
Contemplations scientifiques. 2 volumes in-12. . . . . 3 fr. 50
Les Curiosités de la Science. 1 volume in-18. . . . . 0 fr. 60

VARIÉTÉS LITTÉRAIRES

Dans le Ciel et sur la Terre. Tableaux et Harmonies. 1 volume in-12. 4 fr. »
Rêves étoilés. 1 volume in-18. 33ᵉ mille. . . . . 0 fr. 60
Clairs de Lune. 1 volume in-18 . . . . 0 fr. 60
Excursions dans le Ciel. 1 volume in-18. . . . . 0 fr. 60

4242. — Paris. — Imp. Hemmerlé et Cⁱᵉ.

CAMILLE FLAMMARION

LES ÉRUPTIONS VOLCANIQUES

ET LES

TREMBLEMENTS DE TERRE

Krakatoa. — La Martinique. — Espagne et Italie.

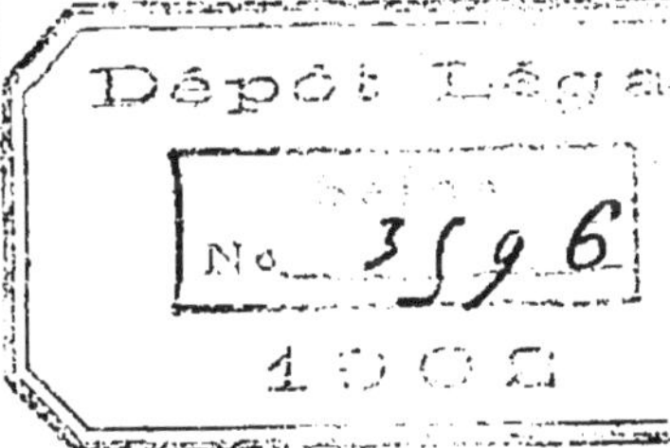

PARIS

ERNEST FLAMMARION, ÉDITEUR

RUE RACINE, 26, PRÈS L'ODÉON

L'ÉRUPTION DU KRAKATOA

LE PLUS GRAND PHÉNOMÈNE GÉOLOGIQUE
DE L'HISTOIRE

Depuis l'apparition de l'humanité sur la Terre, ou, pour mieux dire, depuis que l'humanité a conscience d'elle-même et conserve dans ses annales le souvenir des événements qui la concernent, jamais, si ce n'est le déluge asiatique — mais cet événement est préhistorique, et il n'en reste que de vagues légendes fort exagérées — jamais aucun phénomène terrestre ou céleste historique n'a atteint les proportions de l'événement que nous allons raconter, d'après des témoins ocu-

laires et dont la simple narration est plus intéressante, et surtout plus vraie, plus authentique,
plus frappante que le plus dramatique des romans.

L'explosion du volcan de l'île Krakatoa (dans
les îles de la Sonde, entre Java et Sumatra) a eu
lieu le 25 août 1883. Des éruptions relativement
calmes avaient commencé dès le 11, mais c'est
le 25 que l'explosion volcanique prit des proportions terribles, pour atteindre le 26 son paroxysme le plus violent. Une épaisse colonne de
fumée s'échappant du cratère en ébullition, s'é-
tendit à une grande hauteur comme une vaste
couronne ; les cendres tombèrent du ciel, et aux
cendres succéda la pierre ponce, mêlée de boue.
Puis vint la nuit, une nuit noire, opaque, *de dix-
huit-heures*, pendant laquelle toutes les forces
aveugles de la nature unirent leurs efforts pour
renouveler le Chaos. La mer furieuse, hurlante,
se souleva. Une vague colossale s'engouffra dans
le détroit, courant avec une vitesse insensée et se
rua avec rage sur les terres. D'autres vagues sui-

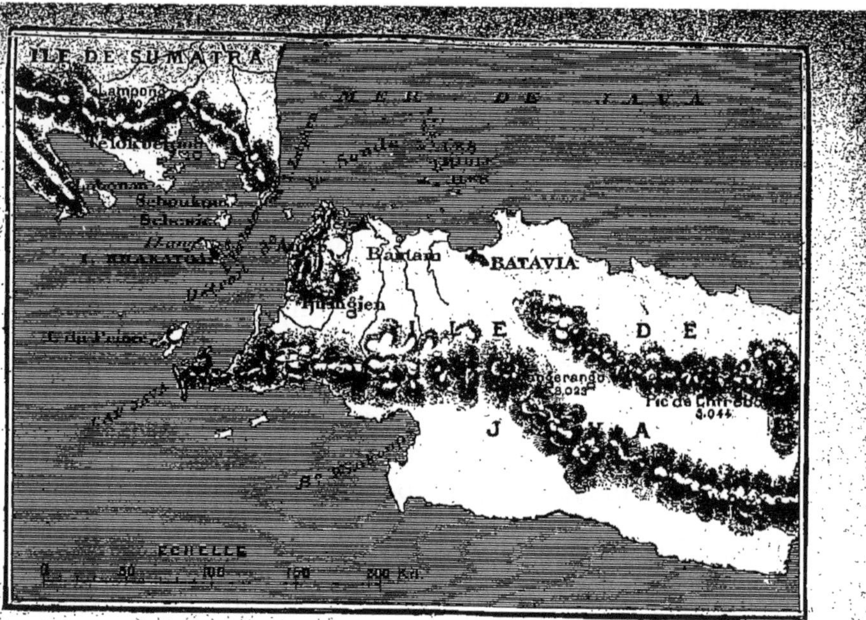

Fig. 1. — Le détroit de la Sonde, Java et ses volcans.

virent celle-ci, non moins gigantesques, non moins furieuses, non moins destructives, poursuivant leur œuvre au milieu des ténèbres. Quand le jour reparut enfin, pâle et blafard, ce fut pour éclairer un spectacle lamentable et effrayant. Des villes, la veille animées, vivantes, pleines de mouvement et de bruit, avaient disparu : Telok-Bétong, au fond de la baie de Lampong, dans l'île de Sumatra, et à Java, Bantam, Anjer, Tjéringin, tous les villages de la côte et la côte elle-même. L'eau s'était avancée dans les terres sur toute l'étendue indiquée sur notre seconde carte (p. 7) par la partie teintée, ne laissant émerger que les sommets des hauts monts comme autant de petites îles. Et telle avait été la force des vagues qu'elles avaient projeté sur les collines, parfois à plus de trois kilomètres dans l'intérieur, plusieurs navires, des chaudières, des locomotives. Et ce n'est pas tout. Où s'arrêtait la ligne des eaux, la cendre commençait. Toute l'île en fut couverte, la culture anéantie, les fontaines taries, les cours d'eau comblés, et les malheureux habitants, au milieu de ce désert inexorable, moururent de faim et de soif par milliers.

Pendant ce temps, des transformations non moins terribles s'accomplissaient dans le détroit de la Sonde. L'entrée des ports devenait impraticable, par suite de l'accumulation de la pierre ponce vomie par le volcan. Toutes les îles du détroit ont été plus ou moins cruellement éprouvées. La moitié des îles de Krakatoa (cause première du désastre) de Sebesie et de Seboukou se sont abîmées sous les flots. Toute la partie nord de l'île de Krakatoa, indiquée sur notre carte par la partie teintée, a été recouverte de plus de trois cents mètres d'eau. Il n'en reste plus que la partie méridionale avec le grand pic. En même temps, seize îlots avaient surgi du fond des eaux, entre l'île de Krakatoa et celle de Sebesie. Des taches noires en indiquent la place sur notre carte.

On a dit le nombre effrayant des morts causées

1.

par ce cataclysme : Quarante mille ! On est certainement resté au-dessous de la vérité, car
on ne fait pas de statistique bien précise à Java
et l'on n'a pu constater toute l'étendue du désastre, le plus grand peut-être qui se soit jamais
produit depuis les temps historiques, et devant
lequel, on peut le dire, l'engloutissement des
antiques villes d'Herculanum et de Pompéï n'apparaît plus que comme une catastrophe de mi-
nime importance.

M. Van Sandick, ingénieur des ponts et chaus-
sées, à Padang (Sumatra), témoin oculaire de
cette épouvantable catastrophe, nous écrivait que
le steamer *Général-Loudun*, sur lequel il se trouvait, qui est un des meilleurs et des plus solides
marcheurs, a été arrêté dans cette nuit de dix-huit
heures, et condamné à rester en place à cause des
dangers qu'il eût pu courir en sortant de la baie
de Lampong. La pluie de cendres s'était changée
en une pluie de boue compacte et épaisse qui
finit par couvrir le pont sur une épaisseur de

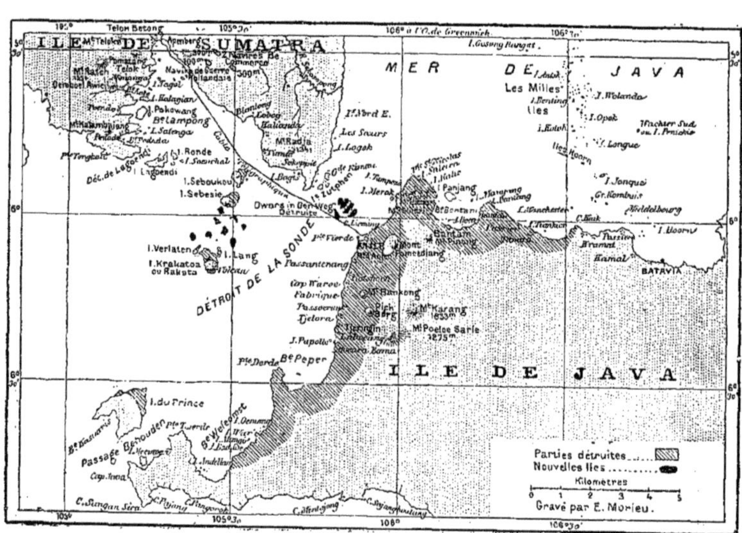

Fig. 2. — Carte de la région du cataclysme de Java.

près de soixante centimètres. Cette boue fétide pénétrait partout et était particulièrement gênante pour l'équipage du bord ; yeux, oreilles, nez étaient littéralement bouchés par cette matière désagréable qui rendait presque toute respiration impossible ! Comme variation, la pierre ponce tombait fréquemment et, avec les cendres répandues dans l'air, obstruait les voies respiratoires. L'atmosphère, en même temps, était fortement imprégnée d'acide sulfureux. Les passagers avaient de violents bourdonnements dans les oreilles, quelques-uns étaient près de suffoquer et toutes les poitrines étaient lourdement oppressées. Une somnolence étrange, stupéfiante, contribuait encore à rendre la situation plus horrible, plus épouvantable. En même temps, la boussole avait des déviations folles.

Les trois quarts des passagers s'attendaient absolument à assister à la fin du monde.

Mais ce n'était encore là que le commencement des angoisses.

A partir de onze heures du matin, quand la nuit noire eut tout envahi, le *Loudun* fut soumis à une suite non interrompue de *tremblements de mer*, sorte de remous terribles qui jetaient le navire tantôt sur un flanc, tantôt sur l'autre. Pendant ce temps, les éclairs traversaient les ténèbres à court intervalle. Sept fois la foudre s'abattit sur le mât et chaque fois suivit le fil conducteur du paratonnerre, par-dessus le vaisseau, pour se perdre dans les abîmes de la mer, en faisant entendre une crépitation satanique. Pendant la durée de l'éclair, on pouvait constater partout, sur les visages et les mains, sur les cordages et le pont, une teinte gris cendré, couleur de boue. En même temps, sur les parties élevées du mât, sur les cordages, des flammes subites se mouvaient. Les passagers indigènes, toujours superstitieux, croyaient que ces *feux Saint-Elme* étaient le présage d'un naufrage prochain : aussi, malgré le danger, s'élançaient-ils à n'importe quelle hauteur afin d'éteindre ces lueurs sinistres. Mais, à leur grand regret, s'ils les étouffaient par ici, il s'en allumait d'autres à côté.

Les coolies et les forçats roulaient les uns sur les autres et, durant les courts moments où la mer était calme, on entendait sans cesse le « *La illah, la illalah,* » prière au Dieu de l'Islam. Comme le navire n'avait pas cessé d'être sous vapeur, il était à craindre que la machine ne refusât le service parce que la boue envahissait tout.

Rarement l'aurore fut acclamée avec plus de bonheur que le matin du 28 août 1883. La pluie de pierre ponce durait toujours ; mais, avec le jour, le steamer parvint à quitter le golfe. La côte de Sumatra offrait un aspect navrant. Tous les arbres étaient tombés, soit par le poids de la boue, soit directement enlevés par le terrible raz de mer. De tous côtés, la mer était couverte de pierres ponces ; l'entrée de la baie de Lampong était fermée par des îles s'élevant à trois mètres au-dessus des eaux ! Il n'y avait qu'un moyen de sortir de là, c'était de pénétrer à toute vapeur à travers les îles de ponce ! Bientôt l'obstacle est brisé, le navire passe, tandis que derrière lui le passage se referme comme par enchantement.

Mais écoutons un instant le récit du spectateur lui-même. « En arrivant devant l'île de Krakatoa, il n'y a plus de doute que c'est ce maudit volcan qui est cause de tout le mal, car le cratère qui répandait tant de fumée et de cendres deux jours auparavant est détruit, et les vagues de la mer passent tranquillement là où était la terre ferme. Ce que l'on voit n'est plus que le quart de l'île et la partie engloutie a été comme déchirée, sur une étendue de vingt-cinq kilomètres carrés, de la partie qui reste encore. Seuls, deux écueils, signaux terribles, s'élèvent maintenant au-dessus de la région disparue. L'éruption volcanique n'a pas cessé complètement : en huit points différents, on aperçoit de fortes colonnes de fumée dont le centre est tout noir et l'extérieur entièrement blanchâtre. Ces colonnes montent et dis-paraissent pour renaître aussitôt.

« Bientôt le navire est en vue des côtes de Java. Alors un spectacle horrible se présente à nos yeux : les côtes de Java, comme celles de Sumatra, sont entièrement détruites ; partout règne la même couleur grise et sombre. Les villages et les arbres ont disparu ; on ne voit même pas de ruines, car l'onde a monté de trente-cinq mètres, a tout rasé, et, en revenant sur elle-même, a englouti les habitants, leurs maisons et leurs plantations. On retrouve difficilement la rade d'Anjer, attendu que pas une maison de cette ville si riante n'est restée debout. Seule, la base du phare élevé sur la quatrième pointe ou cap de Java reste debout. C'est véritablement une scène du jugement dernier : la mer a passé et tout est dit.

« Les coolies qui ont été embarqués le 26, à Anjer, regardent du haut du pont leurs habita-tions. Probablement, leurs rizières sont détruites, leurs femmes et leurs enfants ont péri, car on ne voit qu'un marais fangeux où rien n'est demeuré debout. Vous vous imaginerez peut-être que ces pauvres gens sont bien tristes et qu'ils voudront à tout prix débarquer pour chercher les cadavres de leurs femmes et de leurs enfants. Nullement, car, sans penser à leurs foyers détruits, sans donner un regret à leurs familles, à leurs amis, victimes de la catastrophe, ils se mettent soudain à danser en rond, témoignant de leur joie d'avoir si heureusement échappé au désastre.

« La région de destruction complète est à peu près un cercle qui a pour centre le volcan de Krakatoa et pour rayon une ligne de quatre-vingt-dix kilomètres. Les parties voisines de la mer, sur les côtes de Java et de Sumatra, qui donnent sur le détroit de la Sonde, ont été rasées par ces vagues gigantesques, hautes de trente-cinq mètres, qui se sont précipitées au milieu des terres jusqu'à une distance de un à dix kilomètres du rivage. Tout l'ouest de Java a été détruit complètement et les îles du détroit de la Sonde sont dépourvues de toute trace de végétation ou d'habitation jusqu'au niveau de la haute marée du 27 août. Dans les baies de Lampong et de Semangka, le flot s'est élevé de trente à trente-cinq mètres, détruisant tout sur une longueur de cinq cents kilomètres. Le nombre total des personnes qui ont péri *dépasse quarante mille.*

« La ville de Tjiringin, éloignée de 48 kilomètres de l'île de Krakatoa, a disparu dès la première marée. Rien n'a survécu. Le Régent, ou chef du gouvernement indigène, avait invité dans sa demeure tous les fonctionnaires indigènes avec leurs femmes et leurs enfants, pour y célébrer une grande fête. L'aristocratie javanaise était de plus représentée par la famille du Régent qui est au nombre de cinquante-sept personnes, et dont cinquante-cinq étaient réunies là. La demeure du Régent a été engloutie par les eaux et tout a péri ; il n'est resté de cette famille que deux cousins du Prince qui n'avaient pu se rendre à l'invitation.

« La ville de Mérak a également disparu avec tous ses habitants.

« A Telok-Betong, la basse ville fut détruite et il n'y eut de sauvés que quelques Européens qui eurent la bonne idée de se réfugier dans la demeure du Résident située à 37 mètres d'altitude.

« Des milliers de cadavres sont restés sans sépulture et répandent une odeur nauséabonde qui empêche les habitants de s'en approcher. Mais le plus grand nombre des morts a été emporté par les flots, en pleine mer. Aussi les vaisseaux qui ont traversé le détroit de la Sonde durant les jours qui ont suivi le désastre sont-ils unanimes pour constater que des « tas de cadavres » ont été vus flottant à la surface des eaux. Le transatlantique hollandais *Batavia* rapporte que le 3 septembre il a rencontré d'innombrables cadavres dont les membres étaient mutilés et cassés ; quant à leur nationalité, il paraît présumable que ce sont des corps de Chinois, car leurs crânes sont presque tous chauves. Une autre fois, un vaisseau allemand a vu sa marche devenir très difficile à cause d'un entassement considérable de corps humains. On raconte qu'à Sérang, en ouvrant le corps d'un kakap, poisson de la mer des Indes, des doigts humains encore pourvus d'ongles ont été trouvés dans son estomac.

« Les vagues énormes qui ont produit cet effroyable cataclysme ont perdu de leurs forces à mesure qu'elles se sont éloignées de leur centre d'action. »

Jamais dans l'histoire pareil phénomène n'a été observé par des témoins instruits, capables de l'étudier dans sa grandeur et de se rendre exactement compte de ses multiples conséquences. Ces nombreux témoignages sont maintenant sous nos yeux. C'est d'après leur ensemble que nous allons juger ce grand événement.

I

Le tour du Monde en trente-cinq heures.

Ce cataclysme de Java a eu un retentissement physique qui a envahi la planète tout entière ! Cette explosion volcanique a été d'une violence tellement inouïe que l'ébranlement atmosphérique causé par elle a fait le tour du monde, non pas une fois seulement, mais *trois fois* de suite avant de se calmer et de s'éteindre !

Tout autour d'une poussée verticale, de plus de *vingt mille mètres* de hauteur, parcourue par un jet formidable d'eau chaude, de vapeurs, de cendres, de pierres ponces, de poussières et chargé de tous les produits volcaniques d'une éruption sous-marine, des ondulations immenses se sont transmises à travers l'atmosphère, comme on voit se succéder les ondes sur une pièce d'eau momentanément troublée, et de là se sont répandues sur le globe entier.

L'étude comparative des documents reçus ne laisse aucun doute à cet égard.

Lorsque cette ondulation atmosphérique est passée au-dessus de Paris, elle a fait baisser les baromètres de l'Observatoire de *plus de deux millimètres*. Elle est arrivée à Paris à une heure cinquante minutes de l'après-midi, le 27 août, dix heures après l'éruption la plus violente, ayant marché précisément *avec la vitesse du son dans l'air* : 1180 kilomètres à l'heure ou trois cent vingt-huit mètres par seconde.

Cette première oscillation, arrivée par l'est, par-dessus l'Indoustan, l'Arabie, la Perse, la Turquie, l'Autriche, n'avait mis que dix heures à venir

Mais l'ondulation se répandait circulairement dans l'atmosphère tout au tour du détroit de la Sonde. Celle qui marchait dans la direction de l'ouest est, à son tour, arrivée à Paris, après avoir traversé le Grand Océan, l'Amérique et l'Atlantique, à quatre heures vingt minutes du matin, dans la nuit du 27 au 28, c'est-à-dire quatorze heures trente minutes après la première.

La première ondulation a franchi 11 500 kilomètres en dix heures environ, la seconde 28 500 kilomètres en vingt-quatre heures et demie. Ainsi le tour du monde a été parcouru par cette commotion atmosphérique en trente-quatre heures et demie environ, ou moins de trente-cinq heures.

Ces oscillations barométriques ont été constatées dans tous les Observatoires du monde où l'on a des appareils barométriques enregistreurs.

Mais ce n'est pas tout : le plus curieux est qu'après avoir fait une première fois le tour du monde, ces ondulations atmosphériques l'ont fait une seconde et une troisième fois, amenant encore des dépressions barométriques à des intervalles de trente-cinq heures environ.

C'est là un prodigieux phénomène, sans précédent dans l'histoire de la science.

Nous offrons comme curiosité, à nos lecteurs, le tracé de l'oscillation enregistrée à l'Observatoire de Montsouris (Paris) à cette date mémorable, et qui nous a été adressé par le chef de service, M. Descroix.

Les journées des 26, 27 et 28 août n'ayant pu donner lieu à aucune perturbation locale sur le compte de laquelle on ait pu mettre les bizarreries de la courbe barométrique, elles restent imputables à l'ébranlement général de l'atmosphère sous la secousse volcanique et l'effondrement de l'île.

Nous constatons que dès le 26 à huit heures du soir, la courbe est finement dentelée par des oscillations de 2 à 3 dixièmes de millimètre, espacées de quatre à cinq minutes. L'agitation

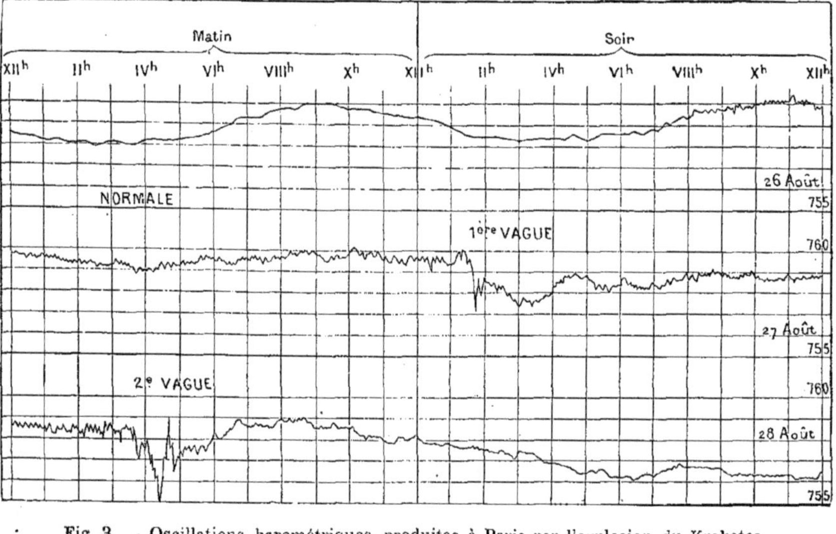

Fig. 3. — Oscillations barométriques produites à Paris par l'explosion du Krakatoa.

augmente depuis dix heures du matin le 27, jusqu'à la phase maximum correspondant à la première crise du détroit de la Sonde, soit de une heure à deux heures de l'après-midi. Les oscillations sont variables et subissent des temps d'arrêt.

Nouveaux frémissements dans la soirée du 27 avec recrudescence vers minuit et saccades grandissantes, en moyenne de 45 centièmes de millimètre d'amplitude, jusque vers trois heures du matin. C'est alors que l'effet maximum de la vague atmosphérique principale donne les oscillations considérables que l'on peut constater sur la figure précédente.

Les sinuosités plus diffuses du lendemain tiennent peut-être encore au contre-coup tardif de la même secousse; mais elles se confondent avec les mouvements symptomatiques de la tempête du 2 septembre.

Ce sont là des vagues atmosphériques sans précédent dans l'histoire de la Météorologie. Il importait de les publier ici à titre de document aussi intéressant qu'important. Elles ont été observées à Londres (Greenwich), à Bruxelles, à Berlin, à Vienne, à Rome, à Naples, à Palerme, à Madrid, à Saint-Pétersbourg, à Moscou, comme à Paris ; en Amérique, en Asie et en Afrique comme en Europe !

II

Les vagues océaniques.

Pendant que la violence de cette commotion mettait ainsi en vibration l'atmosphère entière dont notre planète est environnée, l'éruption du monstre, l'effondrement des îles du détroit de la Sonde et le *tremblement de mer* qui en résulta produisaient une révolution telle dans l'Océan, chassaient les eaux avec une telle force, que des vagues de 35 mètres de hauteur montèrent au-dessus des rivages, détruisant tout sur leur passage, et jetant des navires par-dessus les villages et les bois jusqu'à plusieurs kilomètres dans l'intérieur des terres. Elles balayèrent tout, maisons et habitants, et ne laissèrent rien, même pas la trace des rues. Après le désastre, ces rives, ordinairement si riantes, ressemblaient aux rivages désolés de la mer Rouge. Mais écoutons un témoin oculaire. Voici ce que nous écrivait, de la région même, un ingénieur distingué du gouvernement néerlandais, M. Van Sandick, avec lequel nos lecteurs ont déjà fait connaissance.

« Tout à coup, dit-il, nous vîmes arriver une onde gigantesque, de hauteur prodigieuse, du côté de la mer, s'avançant avec une vitesse considérable. Aussitôt et sans hésiter, le navire, sur lequel je me trouvais, se met sous forte pression et gouverne de façon à faire face au danger imminent; il a justement le temps de rencontrer l'onde par devant. Après un instant plein d'angoisse, nous sommes soulevés avec une vitesse vertigineuse, notre navire fait un bond formidable, et tout aussitôt après nous nous sentons comme plongés dans l'abîme. Mais la lame nous avait dépassés, et nous sommes sauvés. Semblable à une haute montagne, la vague monstrueuse précipite sa marche vers la terre. Immédiatement après paraissent trois autres lames de proportions colossales. Et, devant nos yeux, cet épouvantable soulèvement de la mer, balayant tout sur son passage, consomme en un instant la ruine de la ville : le phare tombe tout d'une pièce, et d'un seul coup toutes les maisons de la ville sont balayées comme un château de carte. Tout est fini !

« Là où vivait quelques moments auparavant la ville de Telok-Betong, il n'y a plus maintenant que la pleine mer...

« Le steamer *Barouw* avait été soulevé de la plage, et du bord du navire nous le voyions se jeter par-dessus le môle dans le pays, au niveau des cocotiers. Les maisons indigènes qui sont bâties à Sumatra sur des pilotis, de manière qu'au-dessous d'elles il y a un espace libre d'environ un mètre de hauteur, sont une proie facile pour l'onde qui les enlève et les renverse. Mais

les maisons en briques des Hollandais n'en sont
pas moins détruites, déchirées de leurs fondements, et disparaissent dans la mer.

« Les mots nous manquent pour décrire l'é-
pouvantable impression que nous laissa l'aspect
d'un pareil cataclysme. La soudaineté foudroyante
du changement à vue, les proportions gigantesques du spectacle, la dévastation subite qui
s'accomplit devant nos yeux en un instant, tout
cela fit que nous restâmes frappés de stupeur,
sans nous rendre d'abord un compte exact du
phénomène perturbateur qui s'accomplissait devant nos yeux. On eût dit une transformation,
un changement à vue instantané, tel que dans
les féeries, au signal d'une baguette magique.
Ajoutez l'impression que ce qui se passe devant
nos yeux n'est pas une vaine fantasmagorie, mais
bien une terrible réalité qui vient de faucher des
milliers d'existences humaines dans l'instantanéité d'un clin d'œil. Que de ruines effrayantes
et incalculables ont été semées là en un moment!

Quelle force incroyable possède cette mer dont le flot renverse d'un seul coup une cité entière que l'homme a eu tant de mal et mis tant de temps à édifier!

« Nous-mêmes, spectateurs du bouleversement, nous sommes menacés maintenant d'un péril sans exemple, et devant nous une mort terrible et fatale. Tout ce que l'imagination la plus active pourra évoquer, tout ce que l'esprit le plus fécond pourra se figurer, restera loin, bien loin de la situation horrible, épouvantable, où nous nous trouvions.

« A Anjer, 27 août, six heures du matin, la plupart des habitants étant encore au lit, une masse d'eau toute noire, énorme, arrive avec fracas, monte et inonde la ville. Puis elle se retire, entraînant dans la mer hommes, femmes et enfants. Tout est de nouveau calme et silencieux, on ne voit que des débris de cadavres, de vaisseaux, de ponts et de branches. Ce n'est que le commencement. Une épaisse pluie de cendres envahit l'atmosphère. Les personnes qui sont sauvées et qui sont presque toutes blessées reprennent haleine. Une deuxième onde arrive à son tour, à son tour monte à 35 mètres de hauteur, et, en rentrant, elle entraîne tout ce qui avait survécu au premier choc.

« Il n'y a plus d'Anjer au monde! Seul le soubassement du phare du quatrième point de Java reste debout. Voilà Anger comme nous l'avons vu du pont du *Loudun* le 28 août. »

Des navires portés par la mer furent jetés dans l'intérieur des terres à plusieurs kilomètres du rivage, et y restèrent, la mer s'étant aussitôt retirée. Il y eût un moment où nul n'aurait pu dire quelles régions appartenaient à l'Océan ou à la terre ferme.

Ces vagues ne mesuraient pas moins de 35 mètres de hauteur, et en se retirant faisaient à leur tour baisser la mer de la même quantité, de sorte que cette oscillation formidable ne mesurait pas moins de 70 mètres. En même temps, ces vagues se propageaient dans l'Océan même, et elles arrivaient le lendemain à Colon (isthme de Panama), mesurant encore $0^m,40$ de hauteur. Aux Seychelles, à la Réunion, au Japon, à Ceylan, à Aden, les vagues arrivaient en dehors des heures de marées. Elles se sont propagées jusqu'aux côtes de France. Leur vitesse augmentait avec la profondeur de la mer, comme on le voit par ce petit tableau :

	Profondeur moyenne.	Vitesse par heure.
De Krakatoa à Dendang Billiton).	26^m	57^{kilom}
à l'île Noordwachter	37	68
à Padang	320	202
à Port-Elisabeth	2526	567
à Maurice	3575	674

Certes, au point de vue de l'humanité, la catastrophe a été si épouvantable, qu'elle reste unique dans l'histoire. Une île entière descendait tout d'un coup à 300 mètres sous les flots. *Pendant dix-huit heures, une nuit noire*, entrecoupée seulement d'éclairs sinistres, pesa sur toute cette contrée. L'atmosphère était de cendre et de fumée. Chacun se croyait à sa dernière heure. Tous les êtres vivants qui habitaient dans le voisinage de la mer furent emportés par les flots. Quarante mille victimes !

Longtemps après, les navires rencontraient encore sous les eaux des grappes de cadavres entrelacés, et en ouvrant les grands poissons, on trouvait des doigts avec leurs ongles, et des morceaux de têtes avec leurs chevelures. Ceux qui furent sauvés, ceux qui subirent la catastrophe sur un navire et purent, le lendemain, revoir la lumière du jour qui semblait ne devoir jamais revenir, ceux-là racontent avec terreur qu'ils attendaient avec résignation la fin du monde, convaincus d'un cataclysme universel et de l'effondrement de la création. Et ils ajoutent que, pour tous les biens de la Terre, ils ne consentiraient jamais à repasser par de telles émotions. Pour eux, le soleil était éteint, le deuil tombait sur la nature et la mort universelle allait régner sur le monde.

Mais quelque effroyable que soit ce drame de la nature, le fait constaté d'une commotion marine, envahissant tout l'Océan, et d'une commotion atmosphérique faisant trois fois le tour du monde, frappe encore davantage peut-être l'esprit de l'observateur.

Voici, sur ce curieux sujet, la communication faite par M. de Lesseps à l'Académie des sciences sur l'arrivée des ondes de Krakatoa à l'isthme de Panama :

« Dans la journée du 27 août dernier, à partir de quatre heures du soir environ, le niveau de la mer, à Colon, éprouva une série d'oscillations que le marégraphe, établi par la Compagnie du canal interocéanique, accusa d'une façon très nette. Ces oscillations étaient, quant à l'amplitude, tout à fait comparables aux mouvements actuels de la marée en ce point ; seulement, la durée en était moindre, de une heure à une heure trente minutes, au lieu du chiffre à peu près normal de douze heures.

La grande courbe du marégraphe montre que,

Fig. 4. — Navire transporté à plus de trois kilomètres du rivage

entre $3^h 30^m$ du soir et $1^h 30^m$ du matin, la mer effectua huit oscillations dont l'amplitude varia à peu près de $0^m,30$ à $0^m,40$; que le mouvement

commença, avec toute son intensité, par une dépression dans le niveau de la mer, comme s'il y
avait eu au large une commotion violente dans
un sens opposé à la direction de Colon, ou une
disparition subite d'île dans les profondeurs de
la mer ; mais que, à partir de $1^h 30^m$ du matin,
le 28 août, il alla en s'affaiblissant graduellement jusqu'à 11^h ou midi.

Ces oscillations n'avaient évidemment pas
pour cause l'attraction luni-solaire, puisque le
mouvement de la marée, qui est occasionné par
cette attraction, s'est, pendant ce temps-là, produit indépendamment de ces oscillations, qui se
sont effectuées autour de la courbe habituelle de
la marée.

D'un autre côté, rien, en fait de phénomènes
météorologiques, ne pouvait justifier de pareils
mouvements ; la température, la pression étaient
absolument normales, le vent était faible, comme
pendant tout le mois d'août, et la surface de la
mer ne présentait que la petite agitation des
jours précédents et suivants.

Ces oscillations ne pouvaient donc être occasionnées que par un phénomène tout à fait extraordinaire. On ne tarda pas, dans l'isthme, à en avoir l'explication, quand on apprit la catastrophe qui avait eu son origine dans le détroit de la Sonde.

D'après les récits qu'on a aujourd'hui de cette catastrophe, elle s'est annoncée, dans la journée du samedi 25 août, par des grondements souterrains partant de l'île de Krakatoa, située en avant de l'entrée ouest du détroit. Pendant la nuit suivante, les eaux du détroit sifflaient en bouillonnant avec violence, tandis que des vagues énormes venaient se briser contre les rives de Java ; la température de la mer haussait de près de 20°.

Dans la journée du dimanche 26 août, les éruptions volcaniques se développèrent avec une très grande rapidité, et en même temps les secousses du sol et l'agitation de la mer allèrent en croissant d'une façon terrible. C'est pendant cette journée et celle du lendemain, et plus particulièrement à partir du 26 au soir, que le déchaînement des éléments fut à son paroxysme et que la plus grande partie de la catastrophe se produisit.

D'autre part, le maximum d'ébranlement de la mer à Colon a eu lieu, d'après ce qui vient d'être dit, dans un intervalle d'environ dix heures, commençant le 27 à $2^h 30^m$ du soir, ce qui, d'après la différence de longitude entre l'isthme de Panama et le détroit de la Sonde, correspond, en ce dernier point, à peu près au 28, à 4^h du matin.

Si donc on admet que le grand ébranlement marin qui s'est propagé jusqu'à Colon a commencé dans le détroit le 26 au soir, on voit que la durée de la propagation entre ces deux régions a été d'une trentaine d'heures.

A première vue, on est tenté de s'étonner que cet ébranlement se soit fait sentir à Colon et non à Panama, où rien de semblable, d'après les indications du marégraphe de l'île Naos, ne s'est manifesté. Le trajet paraît en effet direct entre le détroit de la Sonde et la baie de Panama, à travers le Grand Océan, tandis que, pour se propager jusqu'à Colon, l'onde a dû contourner le continent africain, pénétrer dans l'océan Atlantique entre l'Afrique et l'Amérique du Sud et aller jusqu'au fond de la mer des Antilles, sans compter que ce dernier trajet est un peu plus grand en longitude que l'autre.

Mais le fait s'explique naturellement par cette double circonstance, que le trajet direct vers l'est se trouve barré par les innombrables îles et récifs du large archipel situé au nord de l'Australie, et qu'en outre il y a dans tout cet archipel, en général, une très faible profondeur d'eau. Dans ces conditions, l'ébranlement, en supposant qu'il pût arriver jusque dans les masses d'eau profondes du Grand Océan, devait nécessairement s'y éteindre, et il n'est pas étonnant qu'on n'ait rien ressenti dans la baie de Panama.

Au contraire, du côté de l'ouest, le détroit de

4

la Sonde s'ouvre directement dans l'océan Indien, et l'ébranlement, dont le centre était certainement l'île de Krakatoa, s'est produit immédiatement sur des masses d'eau profondes, non
coupées par des îles ou des récifs ; de plus, dans
le sens de propagation de cet ébranlement, se
trouvent le courant équatorial de l'océan Indien,
qui s'infléchit vers le sud, le long du continent
africain, puis le courant traversier de l'océan
Atlantique, qui, à partir de la pointe sud de ce
continent, tourne au nord, se dirige graduellement vers l'ouest, et devient le courant équatorial qui pénètre à peu près jusqu'au fond de la
mer des Antilles. Il y a évidemment dans cette
marche des courants, toute lente qu'elle soit,
une circonstance favorable pour la transmission
de l'ébranlement jusqu'à Colon.

Telles sont les raisons pour lesquelles on peut
expliquer très naturellement cette transmission.
Le fait en lui-même n'a rien d'étonnant, en dehors de son étendue ; mais, de même que la ca-

tastrophe qui vient de ravager Java et les îles avoisinantes est probablement la plus épouvantable que l'histoire ait jamais enregistrée, de même cette propagation de la commotion par l'eau des mers est probablement la plus lointaine que la Science ait eu à étudier. »

FERDINAND DE LESSEPS.

III

Le bruit des détonations.

Dans l'histoire de la terre, on ne connaît pas
d'éruption volcanique qui ait été entourée d'une
région de détonations d'une étendue comparable
à celle des 26-27 août. On les a entendues à
Ceylan, au Birman, à Manille, en Nouvelle-
Guinée, en Australie, etc. Si de Krakatoa,
comme centre, on décrit un cercle d'un rayon de
30° (3333 kilomètres), ce cercle passe précisément par les points les plus éloignés où le bruit
ait été entendu. Le diamètre de ce cercle est donc
de 60° ou d'un sixième de la circonférence entière

du globe. La superficie de ce segment sphérique occupe le quinzième de la surface totale du globe. Ainsi on a entendu les détonations de cette éruption infernale de *plus de trois mille kilomètres* de distance. C'est-à-dire que, si elle avait eu lieu à Paris, on l'aurait entendue de l'Algérie, du Sahara, de l'Égypte, de Jérusalem, des montagnes de l'Oural, du Spitzberg, de la Russie et du Groenland !

Nous allons voir tout à l'heure qu'on les a même entendues, ces détonations formidables, jusqu'aux antipodes de Krakatoa, à travers la Terre tout entière !

Outre ces vibrations sonores, il s'est formé aussi, lors des explosions, des ondes aériennes qui ne se sont pas manifestées par des sons, mais qui n'en ont pas moins produit des effets remarquables. Les plus rapides de ces vibrations se sont communiquées aux édifices et aux cloisons des chambres. C'est ainsi, par exemple, qu'à Batavia et Buitenzorg, à une distance de

150 kilomètres de Krakatoa, des portes et des fenêtres furent secouées avec bruit, des horloges s'arrêtèrent, des statuettes placées sur des armoires furent renversées. Tout cela était l'effet des vibrations aériennes.

Un ingénieur, M. Verbeek, a fait une étude spéciale des ondes atmosphériques produites au moment du cataclysme. Par exemple, sur la terre d'Alkmaar, dans la province de Lassarœan (île de Java), à une distance de 230 kilomètres, des crevasses se sont produites dans les maisons en briques. Les grandes ondes atmosphériques se sont gravées automatiquement à l'aide de l'indicateur de l'usine à gaz de Batavia. La pression du gaz s'enregistre quotidiennement sur la surface d'un cylindre tournant. Le grand gazomètre de l'usine a été assujetti à des oscillations à cause des pressions différentes des ondes atmosphériques provenant de l'éruption. La courbe décrite par l'indicateur le jour de la catastrophe de Krakatoa n'est plus normale, mais elle offre des points de rebroussement, vrais points de maximum et de minimum de pression atmosphérique. En tenant compte du temps nécessaire à la translation de l'onde de Krakatoa jusqu'à Batavia, on forme un curieux tableau des ondes atmosphériques. C'est ainsi que les points maxima d'éruption ont eu lieu le 27 août, en temps de Batavia, à $5^h 35^m$, $6^h 50^m$, $10^h 5^m$, $10^h 55^m$. L'explosion de $10^h 5^m$ a été la cause de l'onde atmosphérique qui s'est répandue de Krakatoa comme centre pour faire le tour du monde.

La vitesse était celle du *son*, quoique la longueur d'onde fût d'*un million de mètres*, tandis que la longueur d'onde du son le plus grave est de 20 mètres.

LE CATACLYSME DE KRAKATOA ENTENDU AUX ANTIPODES.

Le 9 mars 1885, M. Forel, de Morges, a communiqué à l'Académie des sciences les curieux documents qui suivent :

Voici d'abord l'observation originale, telle qu'elle m'est adressée par un de mes compatriotes établi au Honduras :

Au sud de Cuba, par 80° longitude Ouest de Greenwich et 20° latitude Nord, sont trois îlots connus sous les noms de Gros-Caïman, Petit-Caïman et Caïman-Brac, habités par des pêcheurs de tortues : station de sauvetage pour les naufragés et agences du Lloyd. Au mois d'octobre 1883, comme je me trouvais dans l'île d'Utila, sur la côte du Honduras, les journaux nous entretinrent des grandes éruptions volcaniques du détroit de la Sonde et, en causant avec le capitaine Robert Woodville, qui venait de recevoir des nouvelles des Caïmans, j'appris ce qui suit. Le dimanche, 26 août 1883, les habitants de Caïman-Brac furent surpris d'entendre des bruits comme le roulement lointain du tonnerre ; le ciel était cependant serein et leur première idée fut qu'un croiseur espagnol était aux prises avec un flibustier cubain. Ne voyant rien au sud, ils traversèrent l'île en courant au nord ; mais de quelque côté qu'ils portassent leurs regards, ils n'aperçurent ni fumée ni navire. Cependant la canonnade continuait et, en revenant sur leurs pas, ils se convainquirent que ces bruits étaient souterrains. Au premier moment, ils s'attendaient à voir leur îlot s'engloutir ou se transformer en volcan; mais peu à peu, les détonations cessant, leurs craintes se dissipèrent. Ce phénomène extraordinaire n'en fit pas moins les frais de maintes conversations; on n'avait oublié ni le fait ni la date, lorsque les journaux publièrent les premières dépêches sur le cataclysme de Krakatoa, et les curieux constatèrent bientôt que les Caïmans et Java sont à peu près aux antipodes l'un de l'autre; les hypothèses alors d'aller leur train.   EDMOND ROULET.

Sans vouloir être trop affirmatif, et sans accepter d'enthousiasme un fait aussi étrange que la propagation des bruits souterrains de l'éruption de Krakatoa à travers la masse entière du globe, j'indiquerai les motifs qui me font accueillir provisoirement cette observation.

Et d'abord il n'est pas probable que les bruits des Caïmans proviennent de l'un des volcans des continents voisins. D'après M. C.-W.-C. Fuchs, il y a eu dans ces parages deux éruptions pendant l'été de 1883. L'Omotepec, l'un des volcans insulaires du lac Nicaragua, est entré en éruption le 19 juin, avec formation d'un nouveau cratère et émission de laves ; au mois d'août les laves étaient encore brûlantes. Le Cotopaxi, dans l'État de l'Équateur, a eu, à la fin d'août, une courte, mais violente éruption, accompagnée de tremblement de terre. La distance directe de Caïman-Brac à ces deux volcans est pour l'Omotepec de 1100 kilomètres, pour le Cotopaxi de 2300 ; il n'y aurait rien d'impossible à ce que les bruits de Caïman-Brac vinssent de l'un ou de l'autre de ces volcans ; mais ce n'est pas probable. D'autre part, s'il y avait eu dans ces jours-là une énorme éruption, assez bruyante pour être entendue à une aussi grande distance, les journaux en auraient parlé assez pour que les habitants des Caïmans et d'Utila en eussent des nouvelles et n'allassent pas chercher à Krakatoa l'origine des bruits qui les étonnaient. D'autre part encore, s'il y avait eu les 26 et 27 août une grande éruption volcanique, la coïncidence avec le cataclysme de Krakatoa, qui préoccupait le monde entier, eût été assez évidente pour attirer l'attention du public, et le fait aurait été depuis longtemps signalé.

Les bruits des Caïmans pourraient-ils être attribués à une éruption sous-marine d'un volcan voisin, passée inaperçue? Ce n'est pas probable non plus. En effet les Grandes-Antilles, d'où dépendent les Caïmans, ne sont point un territoire volcanique ; les régions volcaniques les plus rapprochées sont la côte occidentale de l'Amérique centrale et les Petites-Antilles.

Nous n'avons donc, jusqu'à plus ample informé, aucune raison qui nous fasse attribuer à un phénomène volcanique rapproché les bruits de Caïman-Brac ; au contraire, plusieurs faits parlent en faveur de l'hypothèse qui les rapporte à l'éruption de Krakatoa.

1° L'éruption de Krakatoa, des 26 et 27 août 1883, a été accompagnée de bruits souterrains décrits dans les îles de la Sonde et les terres avoi-

sinantes comme comparables au son d'une canonnade lointaine, ou au roulement du tonnerre ; le
cacactère des bruits de Krakatoa a été le même
que ceux entendus à Caïman-Brac.

2° Les bruits souterrains de l'éruption de
Krakatoa ont eu une intensité considérable ; ils
ont été entendus à une distance dépassant tout
exemple connu. Les points extrêmes où les explosions ont été entendues sont Ceylan, le Bur-
mah, Manille, Dirch (Nouvelle-Guinée), Perth
(Côte occidentale de l'Australie), soit dans un
cercle mesurant environ 3 300 kilomètres ou 30°
de rayon. Il est vrai que 30° de la circonférence
ne représentent que la moitié du rayon terrestre, ou le quart de la distance directe entre Krakatoa et les Caïmans.

3° Caïman-Brac est assez près des antipodes de
Krakatoa. En effet, Krakatoa est situé par 105° 30'
longitude Est de Greenwich, et 6° latitude Sud.
Caïman-Brac est par 79° 30' longitude Ouest et
19° 30' latitude Nord. L'antipode de Krakatoa est

donc à 4° 30′ plus à l'Est et à 13° 30′ plus au Sud que Caïman-Brac ; il est situé au milieu des États-Unis de Colombie, sur le fleuve de Magdalena, entre les villes d'Antioquia et de Tunja. Si l'hypothèse énoncée est exacte, serions-nous en présence d'un fait de propagation directe du son, à travers le noyau central de la Terre, ou bien d'un nœud de convergence de diverses sources qui auraient suivi les couches superficielles de l'écorce terrestre et seraient venues interférer de de l'autre côté du sphéroïde ?

4° Le jour où les bruits souterrains ont été entendus aux Caïmans correspond assez bien à ce que nous savons de l'éruption de Krakatoa. En effet, d'après le rapport de M. Verbeek les plus fortes détonations de Krakatoa ont eu lieu les 26 et 27 août.

Si les rapports soupçonnés entre ces bruits souterrains et l'éruption de Krakatoa pouvaient être confirmés, ce serait un fait des plus importants pour la physique du globe. Nous sommes déjà débiteurs au cataclysme inconcevable du détroit de la Sonde des phénomènes les plus intéressants : la propagation des vagues aériennes aux baromètres du monde entier, la propagation des vagues marines aux marégraphes d'Europe et d'Amérique, le Soleil vert de l'Inde en septembre 1883, les feux crépusculaires de l'automne de 1883, la couronne solaire de 1884 (encore apparente en mars 1885), l'état anormal de la polarisation atmosphérique, la propagation du son jusqu'à 30° de distance du centre des explosions. Si nous devions étendre cette propagation des ondes sonores jusqu'à la région des antipodes, ce serait certainement un fait d'un très haut intérêt.

Aux documents qui précèdent, M. A. Lienas a ajouté les suivants à la date du 18 mai :

Dans sa séance du 9 mars dernier, l'Académie a reçu de M. Forel, de Morges, une note annonçant que des bruits souterrains avaient été perçus le

26 août 1883 aux îles Hawaï, c'est-à-dire presque aux antipodes de Krakatoa.

Or voici ce qui a été observé à l'île de Saint-Domingue, où j'habite. Le lundi 28 août 1883, le jour même que le cataclysme de Java était à son maximum, on a entendu ici de 4 heures à 5 heures du soir des détonations souterraines entremêlées de crépitements, simulant à s'y méprendre le bruit d'un combat éloigné. Ces détonations, entendues depuis la baie Samana jusqu'à la plaine de l'Artibonite, sur une longueur de deux cents lieues, ont mis en émoi les populations de l'île.

Nos lecteurs ajouteront ces documents importants à tous ceux que nous avons déjà publiés sur le *plus grand cataclysme géologique de l'histoire.*

IV

La hauteur de jet et la force de l'explosion.

Lors d'une explosion antérieure (20 mai) qui n'a été que le prélude anodin de la catastrophe du mois d'août, des mesures faites à bord de l'*Élisabeth*, corvette de guerre allemande, sur le panache de fumée lancée par le volcan, ont donné 11 000 mètres de hauteur. On n'a pas fait de mesures sur le jet des 26-27 août ; on n'y songea guère au milieu de la consternation et du désespoir jetés dans tous les cœurs par un tel cataclysme. Mais si l'on compare la violence des deux explosions et les phénomènes atmosphériques qui en sont résultés, on conclut que la hauteur de ce jet doit avoir été cette fois-ci de *vingt mille mètres* au moins, dans sa partie visible, car les fines poussières et les gaz ont dû s'élever beaucoup plus haut encore, comme nous le verrons tout à l'heure à propos des illuminations crépusculaires.

M. Verbeek a calculé la quantité des matières lancées par le volcan de Krakatoa. Il a trouvé le chiffre de 18 kilomètres cubes ou 18 milliards de mètres cubes, et pourtant les calculs ont été faits de telle sorte que c'est là un minimum. L'erreur probable n'est que de 2 à 3 kilomètres. Le poids de la masse totale est de 36000000000000 de kilogrammes, dont les deux tiers ont été projetés dans le cercle décrit avec un rayon de 15 kilomètres. La profondeur de la mer étant de 36 mètres entre Krakatoa et Sébésie, et l'épaisseur de la ponce y étant de 30 à 50 mètres, on comprend la formation des îles récemment créées.

5.

L'île de Krakatoa a perdu 23 kilomètres. Dans a partie disparue se trouvaient les pics de Perbœwata et Danau, ainsi qu'une bonne moitié du cratère Rahata qui est coupé à pic sur une hauteur de 827 mètres et qui, vu du nord, nous présente une coupure idéale de volcan unique dans le monde entier. Cette île avait une surface de 33 kilomètres et demi — et il n'en reste plus que 10 et demi ; — mais au sud et au sud-ouest, un anneau de matières éruptives a augmenté de surface, de sorte que la surface totale est actuellement de 15 kilomètres un tiers. L'île de *Langeiland* a une étendue de 3 kilomètres 2, au lieu de 2,9. L'île de *Verlateneiland* a une surface de 12 kilomètres carrés, au lieu de 4. Enfin l'île de *Poolschewedge* a disparu totalement. La profondeur de la mer au-dessus de la partie disparue de Krakatoa est de 200 à 300 mètres.

Les matières éruptives sont principalement de la ponce. Si l'on trace un cercle ayant pour centre Krakatoa, avec un rayon de 15 kilomètres, on constate que l'épaisseur des amas de cendres de la ponce varie entre 20 et 40 mètres! Il y a même des entassements de 60 à 80 mètres de hauteur!... La surface de ces couches épaisses de ponce arriva rapidement à une température normale, mais l'intérieur resta longtemps très chaud. Plusieurs mois après, on voyait parfois des fumées et de la vapeur s'échapper de quelque endroit raviné par les vagues de la mer.

Entre Krakatoa et Sébésie, une quantité très grande de cendres et de ponce a rempli les bas-fonds de la mer et a formé les îles nouvelles.

La région des cendres, ajoute M. Van Sandick, a une surface de 750000 kilomètres carrés. C'est plus que l'étendue entière de la France, plus que celle de l'Autriche, plus que l'Allemagne, le Danemark, l'Islande, la Hollande et la Belgique ensemble.

V

Les causes de la catastrophe.

Les géologues savaient déjà qu'en ce point du détroit de la Sonde, il y avait une *déchirure* ou profonde *crevasse*. Cette crevasse traversait l'île de Krakatoa, et, fait remarquable, plusieurs volcans étaient même situés sur cette déchirure. Quoi d'étonnant que près d'une profonde crevasse les éruptions aient lieu de préférence. L'eau n'est-elle pas considérée aujourd'hui comme l'agent principal de ces phénomènes, et ne peut-elle pas communiquer ainsi très facilement avec les vides souterrains où arrivent des matières liquides à une haute température ? L'eau se transformant peu à peu en vapeur et se trouvant renfermée dans un espace restreint, n'acquiert-elle pas rapidement une très grande pression? Si l'on admet que cette vapeur à haute pression communique avec le canal du cratère tout rempli de lave, une éruption aura lieu lorsque la tension de la vapeur dépassera le poids de la lave augmenté de celui de la pression atmosphérique. Une sortie de vapeur, entraînant une partie de la lave, en sera la conséquence. La grande porosité de toutes les matières qui se sont échappées du cratère de Krakatoa s'explique facilement en admettant qu'en effet la vapeur a soufflé à travers la lave du volcan.

C'est la *vapeur d'eau* qui a joué le rôle capital dans cette explosion. Nous verrons plus loin qu'elle joue un rôle analogue dans les tremblements de terre.

De 1880 à 1883, on a observé plusieurs tremblements de terre le long de cette crevasse. Ces tremblements de terre ont été causés probablement par des déplacements souterrains qui ont préparé le grand cataclysme du 27 août, en rendant plus facile la communication des eaux entre elles. Le plus violent de ces présages funestes a été celui 1er septembre 1880.

« Ce jour-là reste gravé dans ma mémoire, écrit M. Van Sandik, car c'est la première fois que je fus témoin d'un tremblement de terre, au moment où, fraîchement débarqué en Océanie, ne sachant pas un mot des langues indigènes, j'étais chargé d'une mission pour le tracé d'un chemin dans la province de Batavia.

« *Je n'oublierai jamais les sensations stupéfiantes que j'éprouvai en ce moment où*, pour la première fois de ma vie, je vis les murs de l'appartement osciller plusieurs fois, tandis que les objets posés sur les meubles ou suspendus aux murailles tombaient à terre et roulaient pêle-mêle à travers la chambre. Que l'homme est petit alors, et comme il ne songe guère à se proclamer en ce moment le roi de la création ! »

Les îles de ponce qui s'étaient formées dans la baie de Lampong se sont mises en mouvement et se sont dirigées vers la mer de Java ; elles ont obstrué le port de Tandjong-Priok pendant quelques jours, puis sont reparties ensuite vers l'est. Alors elles se sont disséminées sur l'Océan, emportées par les courants, et se sont complètement désagrégées.

Nous avons reçu des morceaux recueillis par les navires, et d'autres qui ont abordé l'île de la Réunion au mois de mars 1884.

M. MANTOVANI nous écrivait, de l'île de la Réunion, à la date du 15 avril :

« Le cataclysme de Java nous a donné ici, à la Réunion, d'abord les vagues marines venues de la commotion, ensuite les brumes rouges du lever et du coucher du soleil, et, le 22 mars dernier, nous avons reçu de la pierre ponce flottant sur la mer. Le 31, j'en ai ramassé plusieurs morceaux sur la place de Saint-Gilles. Généralement ces morceaux sont petits et usés, ce qui est dû au frottement occasionné par le mouvement de la mer. Je m'empresse de vous expédier par la poste

le plus gros des morceaux que j'ai pu recueillir :
acceptez-le comme un souvenir de la plus grande
catastrophe de ce siècle, et comme un débris de
naufrage qui a parcouru mille lieues sur la mer. »

Nous adressons à M. Mantovani nos plus sincères remerciements. Ce curieux spécimen, qui
mesure $0^m,15$ de longueur sur $0^m,07$ de largeur
et $0^m,7$ de hauteur en moyenne, et qui pèse
220 grammes, est déposé au musée de l'Observatoire de Juvisy, qui s'enrichit graduellement
d'importants documents scientifiques, grâce aux
gracieuses inspirations de nos amis inconnus.

M. Lecomte Dyonis nous a transmis d'autres
spécimens recueillis par plusieurs bateaux de la
compagnie des Messageries maritimes, qui en
ont rencontré de véritables îles flottantes.

Ce fait nous montre que des graines de plantes exotiques et même des œufs d'insectes, de
poissons, de crustacés et d'autres animaux peuvent être disséminés loin de leur origine par les
courants de la mer.

VI

Les illuminations crépusculaires.

Le 26 novembre 1883, tout Paris, non le
« tout Paris » des théâtres et des clubs, qui se
compose de quatre-vingt-dix-neuf mondains, mais
mais le tout Paris réel, qui se chiffre par deux ou
trois millions de spectateurs, et non seulement
Paris, mais toute la France entière, trente ou quarante millions de spectateurs ont pu contempler
avec admiration un spectacle d'une grande beauté
et d'une extrême rareté. Après le coucher du soleil,
le ciel s'est embrasé des flammes d'un immense
incendie. C'était comme un nouveau jour ressus-

cité après la disparition de l'astre solaire. L'illumination était si vive, une demi-heure après le coucher du soleil, que, dans les rues affairées de la capitale, tous les passants s'arrêtaient, croyant d'abord à un incendie réel allumé dans l'ouest. De l'Observatoire, du Val-de-Grâce, du jardin du Luxembourg, le spectacle était grandiose ; de la Seine et surtout du pont des Arts, il était fantastique, les lueurs fauves se reflétaient en mille feux écarlate dans les hautes et élégantes fenêtres du Louvre, et les monuments lointains se dressaient en silhouettes noires devant l'ardent crépuscule. Ce soir-là le ciel était couvert, excepté du côté du couchant, ce qui donnait plus d'éclat au phénomène occidental. Une heure après le coucher du soleil, c'était comme une fournaise dans la nuit. Le lendemain, le ciel était pur, et l'illumination, plus générale, embrasait l'atmosphère jusqu'à 45 degrés de hauteur et au delà. Une demi-heure après le coucher du soleil, le jour était encore si lumineux que l'on s'étonnait de voir les becs de gaz allumés, leur lumière devenait *verte*. Le surlendemain 28, un épais brouillard s'étendit sur Paris et empêcha toute observation. Mais les jours suivants, on put reconnaître que le phénomène crépusculaire se continuait, quoique moins intense. Les 6 et 7 décembre, à la veille du premier quartier, la lune, suspendue dans le couchant rose, paraissait *verte* par contraste. En général, l'illumination dura, en s'affaiblissant, une heure et demie après le coucher du soleil. Le 9 décembre, elle ne s'éteignit tout à fait qu'à 5 heures 45^m, soit 1 heure 43^m après le coucher du soleil, la lueur rose restant visible pendant trois quarts d'heure après l'apparition des étoiles, au-dessous de Véga et d'Altaïr. Le 11 décembre, elle se termina par de longs rayonnements roses divergeant vers l'ouest. Le 15, elle était d'un rouge rubis ardent.

Dès les premiers jours de son apparition à Paris, nous apprenions que ce curieux phénomène météorologique avait été visible de la France entière, de la Belgique, de l'Allemagne, de la Suisse, de l'Italie, de la Grèce, de l'Espagne, de l'océan Atlantique, de l'Angleterre, de la Suède, de la Norvège; en un mot de l'Europe entière; et bientôt nous apprenions qu'il s'était développé sur tout le tour du monde.

L'aiguille aimantée n'a manifesté aucun trouble, aucune perturbation. Déjà l'étude directe du phénomène montrait qu'il ne s'agissait point ici d'aurores boréales, comme le supposaient la plupart des journaux, même les plus sérieux, car, loin d'être « boréal » ou de présenter le moindre rapport avec le méridien magnétique, le foyer de l'illumination coïncidait visiblement avec la position du soleil et descendait à mesure que l'astre du jour s'abaissait lui-même au-dessous de l'horizon; à la nuit tombée, il n'en restait aucune trace. L'absence de toute perturbation magnétique confirmait cette conclusion. C'était bien là une illumination crépusculaire d'un genre spécial.

A Marseille, à Nice, à Avignon, à Orange, ces illuminations ont été splendides pendant tout l'hiver.

A Rome, le phénomène s'est montré magnifique le 29 novembre, le 1ᵉʳ, le 2 et le 4 décembre. La ville éternelle semblait embrasée par le feu du ciel, l'éclat de l'illumination était merveilleux, et une heure après le coucher du soleil le crépuscule portait ombre.

En Corse et en Sardaigne, le phénomène frappa les habitants comme en Italie.

En Angleterre, en Irlande et en Écosse, de nombreux observateurs ont décrit ces remarquables crépuscules, en termes analogues aux précédents. Ils ont été observés de différents points dès le 25. A Édimbourg, M. Piazzi Smyth a fait une importante série d'observations jusqu'au 11 décembre.

En Allemagne, notamment à Berlin, l'illumination a été très accentuée dans les soirées des 28, 29 et 30 novembre. M. R. Helmholtz écrit que, par contraste, les nuages ont paru verts au coucher du soleil.

A Athènes, « le bleu du ciel cédait insensiblement la place à un rouge purpurin qui imprégnait pour ainsi dire de ses rayons toute l'atmosphère. »

De Carthagène, M. Belmonte, directeur du Collège polytechnique, nous écrivait que les sept premiers jours de décembre ont été marqués en Espagne, par des illuminations rouges et roses, au lever comme au coucher du soleil, si belles qu'on les prenait aussi pour des aurores boréales. — A Palamos, M. Figa a fait des observations analogues. De même M. Gillmann, à Madrid, à partir du 30 novembre.

Il en a été de même à Christiania le 30 novembre, à Stockholm le 30 novembre et le 1er décembre, à Copenhague le 29 novembre.

De Constantinople, MM. G. de Varèze et Mavrocordato nous écrivaient que ce brillant phénomène avait frappé l'attention de toute la

Turquie jusqu'à la mer Égée, principalement les 1er, 2, 5, 6, 7, 10 décembre. A Constantinople, « les mosquées avec leurs minarets majestueusement élancés vers le ciel se dessinaient fantastiquement sur le fond pourpre de l'horizon ».

Telle est la première vue générale du phénomène en Europe.

On voit que ces illuminations crépusculaires n'ont pas été localisées à Paris ni même à la France, et qu'elles ont été visibles, au contraire, d'une partie de l'Europe. Nous allons reconnaître qu'elles ont été beaucoup plus étendues encore, et que leur zone embrasse le *tour du monde*.

Et d'abord, quoique l'explosion lumineuse ait commencé le 26 novembre pour la plupart des spectateurs de nos contrées, elle avait été précédée de manifestations analogues, signalées de plusieurs points par divers observateurs du ciel.

On nous écrivait du cap de Bonne-Espérance, à la date du 2 novembre : « Nous avons ici des illuminations extraordinaires presque tous les soirs depuis cinq semaines. Aussitôt après le coucher du soleil, une illumination rouge ou jaune apparaît dans l'ouest, répand une vive lumière pendant quelque temps, et puis disparaît; dans cet éclairement les fleurs paraissent plus brillantes, surtout les roses. Parfois la même illumination est visible le matin. »

De l'autre côté du monde, du *Bengale*, nous recevions aussi la notification suivante :

« Des illuminations rouges extraordinaires apparaissent ici dans le ciel depuis quelque temps avant le lever du soleil et après son coucher. On dit qu'elles ont été remarquées de l'Inde tout entière et de l'Égypte. Les indigènes sont remplis de terreurs superstitieuses. »

A Hobart-Town (*Tasmania*), ces magnifiques couchers de soleil ont illuminé le commencement d'octobre.

En *Arabie*, pendant les deux premières semaines d'octobre, tous les soirs le coucher du soleil était suivi d'un crépuscule lumineux paraissant étendu sur la Mecque. Cette lumière était si extraordinaire que des musulmans annonçaient la « venue du Messie ».

. Des États-Unis de Colombie, M. F. de Munoz nous a envoyé, à la date du 8 septembre, une relation détaillée des phénomènes atmosphériques observés principalement à Medellin, où ils ont causé la plus vive sensation.

« Le dimanche 22 septembre, avant son coucher, le soleil apparut dépourvu de rayons et coloré d'un beau *vert*, de telle sorte que tout le monde pouvait le regarder sans en être ébloui. Insensiblement il devint azuré, puis violet. Une longue couche de vapeur s'étendait sur toute la région occidentale du ciel. Il se coucha derrière les Cordillères, non rouge comme d'habitude, mais violet. La succession des couleurs fut exactement celle du spectre solaire, et l'observateur l'attribua à la réfraction de la lumière solaire à travers une masse transparente et translucide, de forme prismatique ou lenticulaire, interposée entre le soleil et le lieu de l'observation, probablement de la vapeur d'eau cristallisée dans un air tranquille au-dessous de la vallée de Medellin. Le lendemain matin, au lever du soleil, le phénomène se reproduisit en sens inverse. »

On nous écrivait d'autre part, de l'île de la Réunion, à la date du 14 septembre, que le 27 août et le 11 septembre surtout, le coucher du soleil a été suivi d'une illumination rouge qui frappa tous les spectateurs :

« Au zénith la Lune, à son Premier Quartier, était cernée d'un halo; puis, revenant vers l'ouest, on apercevait sur le fond du ciel, au-dessus de la bande rouge et à travers un voile de nuages légers, comme trois ou quatre escaliers lumineux, véritable échelle de Jacob, dont les échelons reflétaient d'un côté la lueur verdâtre de la Lune et, de l'autre, le pourpre de l'horizon. Cet éclairage compliqué prêtait à toute la scène quelque chose de vraiment fantastique. Ajoutons que le propre de ces teintes sanglantes du couchant qui nous étonnent depuis plusieurs jours, est d'être absolument tranchées et sans aucune dégradation de nuance. »   Du Buisson.

Le *Courrier* de la Réunion ajoutait à la date du 9 octobre :

« Vers le 16 septembre, les choses avaient paru rentrer dans l'ordre ; il y avait eu un double dé-nouement, tragique vers les détroits, placidement poétique ici, sous forme d'aurore australe. Mais depuis le 25 septembre, et invariablement de douze en douze heures, les apparences anormales ont repris leurs cours au-dessus de nos têtes, avec plus d'intensité et de persistance.

« Le soir, par exemple, l'horizon est très curieux à observer. On n'y voit d'abord aucun indice, même assez longtemps après la disparition des derniers rayons du Soleil, et l'on est tenté de se dire : allons-nous-en, il n'y aura rien aujourd'hui, tant le fond du ciel est terne et uniforme. Mais aussitôt une légère teinte jaune pâle apparaît partout en nappe, et passe rapidement au cramoisi après avoir parcouru toute la gamme des nuances qui s'insèrent entre ces deux couleurs. Ce qu'il y a d'inaccoutumé, c'est que cette gamme est redescendue et remontée à plusieurs reprises, jusqu'à ce que le Soleil, continuant de plonger sous l'horizon, modifie assez les conditions de réfraction pour que la scène s'éteigne. »

A Ongole (Indes Anglaises), du 10 au 13 septembre, le soleil devint *bleuâtre* tous les jours vers 4 heures de l'après-midi, et après son coucher le ciel occidental s'illumina des lueurs fauves d'un vaste incendie, restant visibles plus d'une heure après le coucher du soleil, tandis que dans les circonstances ordinaires tout crépuscule disparaît ordinairement une demi-heure après le coucher du soleil.

A San Cristobal (Vénézuéla), le 2 septembre, d'après la relation qui nous a été adressée par M. Curillo y Navas, le soleil a perdu presque soudainement son éclat à 3 heures de l'après-midi, de sorte qu'on pouvait le regarder en face. « D'abord, c'était un globe d'argent mat, puis, assez rapidement, il est devenu *bleu* clair, puis bleu ciel. A 5 heures, nous nous voyions tous bleus, et la nature entière parut revêtir cette nuance, ainsi que les nuages qui se trouvaient aux environs du soleil. »

A Ceylan et dans les Neilgherries, on a vu, le 9 septembre, le soleil devenu *vert* par suite du passage d'un nuage de cette couleur passant devant lui, et ensuite devenu rouge par le passage d'un second nuage visiblement rougeâtre. Les taches étaient visibles à l'œil nu.

De Madras, Mlle Pogson, directrice de l'Observatoire, écrit, à la date du 10 octobre que depuis plusieurs semaines, le matin comme le soir, le soleil a paru coloré d'une nuance *vert-bleu* très prononcée, qui a frappé non seulement les astronomes et les météorologistes, mais encore tous les habitants de la ville. C'est le 9 septembre que les phénomènes ont commencé. La lune présenterait la même coloration lorsqu'elle était voisine de l'horizon. Le 9 septembre, à 5^h 30^m, on pouvait regarder sans aucune fatigue de l'œil, ce soleil vert, sur lequel on distinguait à l'œil nu une tache de 1' environ. Le 22, M. Smith observa son spectre : les bandes d'absorption dues à la vapeur d'eau étaient très marquées, et de plus, il y avait une grande absorption dans le rouge, même une heure avant le coucher du soleil. A partir du

31 août, l'atmosphère s'est montrée très élec-
trisée.

A Honolulu, le soleil a paru parfaitement *bleu*
le 5 septembre.

A l'île de la Trinité, le dimanche 2 septembre
(le même jour qu'en Colombie), vers 5 heures, le
soleil parut dépourvu de rayons et sous l'aspect
d'un globe *bleu*. Après son coucher, le crépuscule
devint si resplendissant que l'on crut à un incendie à l'ouest de la ville. Tous les observateurs de
cette région s'accordent sur la coloration bleue du
soleil.

Il serait interminable de publier ici tous les
documents que nous avons sous les yeux, et nous
craignons d'avoir déjà mis trop fortement à
l'épreuve l'attention de nos lecteurs. Mais il importait de montrer, par les témoignages eux-
mêmes, que les illuminations crépusculaires qui
nous ont tant frappés n'ont pas été circonscrites
à la France ou à l'Europe, mais ont été générales,
et qu'elles sont en connexion avec les colorations

anormales du Soleil et de la Lune observées dans les Indes, en Colombie et ailleurs.

QUELLE EST LA CAUSE DE CES PHÉNOMÈNES ANORMAUX ?

Par l'ensemble des informations, nous avons vu que ce ne sont pas des aurores boréales ; le foyer de ces illuminations a toujours correspondu avec la position du soleil, et elles consistent essentiellement en une réflexion et en une réfraction de lumière solaire sur des particules de fine poussière répandue *dans les hauteurs de l'atmosphère.*

A un effet général, il faut une cause générale. Ce n'est pas une série de petites causes locales qui pourrait avoir produit les effets observés. Deux explications se présentent :

Ou bien la Terre a rencontré dans son voyage céleste un essaim de poussières cosmiques qui a enveloppé comme d'une légère ceinture flottante les régions supérieures de l'atmosphère.

Ou bien des volcans terrestres ont lancé à une immense hauteur dans l'atmosphère des quantités colossales de vapeurs et de poussières, lesquelles se seront ensuite répandues sur une vaste zone faisant presque le tour du globe.

Dans les deux cas, l'événement cosmique ou terrestre est arrivé le 27 août ou les jours précédents.

Or, c'est le 25 août que le cataclysme de Java a commencé.

La grandeur de ce cataclysme, qui a bouleversé tout le relief sous-marin du détroit de la Sonde, est en rapport avec l'étendue des phénomènes atmosphériques qu'il s'agit d'expliquer. Le volcan terrible a projeté verticalement vers le ciel et avec une violence inouïe des kilomètres cubes de vapeur d'eau chauffée à une haute température, véritables projectiles d'eau et de poussière qui ont dû s'élever à des hauteurs considérables, tant à cause de leur vitesse de projection qu'à cause de leur température, et ont dû dépasser de beaucoup les régions habituelles des alizés et des courants supérieurs. Java est situé tout près de l'équateur, à 105° de longitude à l'est de Paris.

D'après les relations précédentes, la première observation d'un crépuscule anormal aurait été faite à l'île de la Réunion le 27 août au soir. Cette île est située par 53° de longitude à l'est de Paris. à 52° environ de Krakatoa, et un peu plus au sud, presque sous le tropique. La distance est d'environ 5 900 kilomètres qui auraient été parcourus en deux jours environ, ce qui supposerait une vitesse de 123 kilomètres à l'heure. Cette vitesse n'offre rien d'extraordinaire pour les courants supérieurs. La coloration anormale du soleil observée le 2 septembre en Colombie, sur l'équateur d'une part, et, d'autre part, le même jour, à l'île de la Trinité, s'expliquerait en supposant que ces légères nuées supérieures se sont transportées et disséminées d'abord principalement dans les zones voisines de l'équateur. La Colombie est par 75° à l'ouest de Paris, et la Trinité est presque au centre de l'hémisphère opposé à Krakatoa; cette dernière distance (la moitié du tour du monde) aurait été parcourue en sept ou huit jours, soit avec une vitesse de 2700 kilomètres par jour (112 kilomètres par heure).

Ce qui donne encore plus de vraisemblance à notre opinion, c'est que le 27 août on a, en même temps *entendu* les détonations de Krakatoa et *vu* le soleil vert. Une lettre transmise par l'amirauté anglaise contient ce passage caractéristique : « Le bruit des détonations de Krakatoa, ressemblant à une canonade lointaine, a été entendu distinctement le 27 août de l'île de Bangney ; le temps était très dérangé ; on remarquait de curieux nuages au sud-ouest, et pendant plusieurs jours le soleil parut verdâtre en approchant de l'horizon. »

Une autre note de l'amirauté porte qu'un navire de l'État passant à l'ouest de l'Australie, à 1000 milles environ au sud-sud-est du détroit de la Sonde, a été surpris le 30 août, après le coucher du soleil, par une pluie de poussière volcanique. Si, comme il est probable, ce nuage venait de Krakatoa, il a parcouru 1050 milles ou 1690 kilomètres en trois ou quatre jours.

On écrivait aussi d'Australie qu'on a recueilli sur le pont des navires plus d'un pouce d'épaisseur de poussières volcaniques, et que pendant plusieurs semaines les couchers de soleil ont été extraordinaires.

De Yokohama : « Le soleil a été complètement obscurci ici deux jours après le cataclysme du détroit de la Sonde, lorsqu'il reparut, il était enveloppé d'un brouillard rouge sang. »

Aux Seychelles, à l'île Maurice, à l'île Rodriguez, on remarqua le 27 des ondulations extraordinaires dans la mer, suivies d'un raz de marée tout à fait étranger aux heures des marées. C'était l'ébranlement maritime du détroit de la Sonde, la vague la plus haute atteignit $1^m,90$. Le même jour, dans ces trois points, et les jours suivants, le soleil fut vu sans rayons, comme à travers une brume légère, et les levers comme les couchers de soleil furent « extraordinaires. »

Les récits qu'on vient de lire confirment que la violence de cette éruption à la fois terrestre et marine a été véritablement inouïe. Il serait assurément impossible d'évaluer, même approximativement, le nombre de kilomètres cubes de vapeur d'eau de mer et de poussières volcaniques qui ont littéralement rempli l'atmosphère de cette région, au point de faire dans ce pays du soleil une nuit absolument noire de dix-huit heures et de la répandre à une telle distance qu'il n'y avait plus d'horizon ! La hauteur atteinte par cette projection volcanique a dû être considérable, et il n'y a même rien d'invraisemblable à admettre que, dans la chaleur infernale de cet immense *laboratoire* sous-marin, l'eau ait été décomposée et l'hydrogène lancé à de formidables hauteurs dans les régions les plus élevées de l'atmosphère. Or, nous l'avons vu, les colorations anormales du Soleil, de la Lune et de l'atmosphère ont commencé le 27 août, à l'île

de Bangney notamment, d'où, *en même temps,*
on observait ces phénomènes et on entendait les
détonations de Krakatoa. Elles ont commencé
le même jour à l'île de la Réunion, le surlendemain en Australie, où les navires revenaient couverts de poussières volcaniques, au Japon, où
ces nuages étranges avaient obscurci le soleil
pendant deux jours, et, de proche en proche,
graduellement, ces couches se sont étendues jusqu'à nos régions.

La *Gazette de Cologne* du 4 janvier 1884,
nous écrivait M. MAX HOLLNACK, relate un fait
qui confirme votre hypothèse, expliquant les illuminations crépusculaires par la présence d'une
fine poussière dans les hauteurs de l'atmosphère.

Dans la nuit du 18 au 19 décembre, il y a
eu en Westphalie, entre Aggen et Lenne, une
chute de neige accompagnée d'une fine poussière
foncée. L'Observatoire météorologique a reçu des
rapports sur ce fait curieux. Un de ces rapports
daté de Gimborn, est ainsi conçu : « En sortant

le mercredi 19 décembre, vers $7^h 15^m$ du matin, j'aperçus sur la nappe de neige tombée dans la nuit une couche de fine poussière noire, sous laquelle la neige avait sa couleur normale. Comme à 7^h il avait encore neigé, cette poussière ne pouvait être tombée que depuis quelques minutes. Des informations que je me suis procurées de tous les côtés il résulte qu'on a observé le même phénomène partout dans les environs. Les champs, prairies, jardins et chemins étaient uniformément couverts de cette poussière. Un homme d'une localité éloignée d'une demi-heure environ d'ici, que j'ai rencontré vers huit heures, rapporta que partout sur son chemin il avait vu la neige couverte de cette fine poussière noirâtre. Elle était fine comme la plus fine farine et se détachait très nettement sur la neige ; surtout si on grattait à un endroit, le contraste des nuances noire et blanche devenait frappant. » Le même fait a été observé à Lucdenscheid et en d'autres localités de l'Allemagne du Nord. »

Cette chute de poussières foncées sur la neige ou avec la pluie a été signalée plusieurs fois et de plusieurs points, depuis le mois de septembre, notamment de la Suisse, du mont Salève, le 5 décembre, par M. E. Yung.

De Lausanne, M. Secretan de Beaulieu nous écrivait, à la date du 12 décembre, que la neige du Mont-Blanc paraissait teintée de rose depuis plusieurs jours.

A Queenstown (Cap de Bonne-Espérance), les naturels ont été effrayés à la fin de novembre par la chute d'une poussière sulfureuse qui tomba en flocons sur la vallée et la couvrit de l'est à l'ouest.

M. A. Renard, de l'Académie de Belgique, a examiné les poussières tombées le 27 août à Batavia, à deux cent cinquante kilomètres du point d'éruption. Elles sont formées d'une matière pulvérulente gris-verdâtre à grains presque impalpables mesurant en moyenne $0^{mm},1$ de diamètre. Ce sont principalement des fragments *vitreux*

criblés de bulles, appartenant au feldspath pla-
gioclase, à l'augite, à un pyroxène rhombique et
à la magnétite.

Les poussières qui sont arrivées jusqu'en Europe sont évidemment les plus légères. Elles
peuvent être aussi de nature vitreuse, et les effets
d'illumination observés s'accordent bien avec cet
état. La vapeur d'eau n'y existe plus sous cette
forme, mais peut-être a-t-elle produit certaines
combinaisons et existe-t-il là aussi des cristalli-
sations de glace.

Au consulat de France, à Malaga, M. DE LA-
PEYROUSE a observé ces splendides effets de couchers de soleil à partir du milieu de novembre
et jusqu'à la fin de décembre. Les Andalous superstitieux craignaient un cataclysme.

A Linarès, M. F. VALLAURE les avait observés
dès le 17 octobre. Ce soir-là, nous écrivait-il,
une heure après le coucher du soleil, la ville resta
illuminée comme par un feu de Bengale. Il en
fut de même les jours suivants.

Elles ont été observées en Crimée à la fin de novembre et pendant le mois de décembre. M. A. Basarow écrit que le phénomène a été particulièrement remarquable le 16 décembre et qu'on prenait aussi ces illuminations pour des aurores boréales. En Pologne, à Varsovie, elles ont été remarquables le 30 novembre et le 2 janvier.

M. Ragona, directeur de l'Observatoire de Modène, les a observées en Italie et les attribue à la réflexion de la lumière solaire sur des filaments prismatiques de glace flottant dans les régions supérieures de l'atmosphère.

Des lettres de New-York, de Washington, de Philadelphie, de Baltimore et de la Caroline du Nord nous ont appris qu'à la fin de novembre on y a remarqué les mêmes effets qu'en Europe, au point de prendre presque partout ces lueurs pour des incendies.

De Santiago du Chili, M. Clodomir Almeyda nous écrit à la date du 8 novembre que dans tout le Chili, à Lima, à Buenos-Ayres, et dans la plus grande partie de l'Amérique du Sud les lueurs crépusculaires ont été visibles presque tous les soirs depuis les premiers jours de septembre. L'observateur serait disposé à les attribuer à une extension de la lumière zodiacale.

De Guayaquil (Équateur) « on observa du 1er au 5 septembre un léger voile atmosphérique de couleur cuivrée, le soleil éclairant à peine et pouvant être regardé à l'œil nu dès 4h du soir, comme un disque d'argent sur fond or : on voyait les taches à l'œil nu. » (Lettre de M. E. MAREUSE).

Un dernier mot encore. M. F. PERRIN nous écrit que dans une ascension faite par lui, de Saint-Cristophe en Visans (Isère), à la tête des Fétoules (3465m), le 24 décembre, il observa que le Soleil paraissait vert pâle, entouré d'une auréole jaune d'or se fondant dans une seconde, orangée, puis dans une troisième, rougeâtre, jusqu'à 12° environ du Soleil. Les guides assuraient que depuis plusieurs semaines le Soleil paraissait encadré d'une auréole, et que les lueurs du matin et du soir, accompagnaient le Soleil toute la journée.

Le 10 janvier, à Marseille, M. Bruguière a observé que le Soleil était plus pâle que d'habitude malgré la pureté de l'atmosphère, et environné d'une brume blanchâtre.

Nous avons vu plus haut que cette éruption a produit dans l'atmosphère des ondulations assez intenses pour faire *trois ou quatre fois le tour du monde*, et causer des variations de pression barométrique de $\frac{1}{500}$: ce fait permet parfaitement d'admettre la dissémination des poussières volcaniques dans les régions supérieures de l'atmosphère.

M. Bishop écrit d'Honolulu qu'un steamer passant à 150 milles de l'éruption, observa que le baromètre sautait d'un demi-pouce à des intervalles de deux à trois minutes, ce qui est l'indice d'une ondulation prodigieuse dans la pression atmosphérique, produit par un « jet continu de gaz verticalement lancé jusqu'aux limites de l'atmosphère et donnant naissance tout autour de lui à des ondes violentes. On peut penser que l'incroyable quantité de gaz, de vapeurs et de poussières ainsi projetée aura été diffusée par les courants supérieurs sur toute la surface du globe. »

On le voit, tous les faits s'accordent pour donner gain de cause à la théorie que nous avons proposée et qui, comme nous l'avons appris depuis, avait été imaginée dès l'origine, par les premiers observateurs de Java, de Madras, de la Réunion, de l'Australie et de l'Équateur.

Notre savant ami Ch. DUFOUR, professeur à l'Académie de Lausanne, a calculé la hauteur de ces lueurs crépusculaires. Par une série d'observations nombreuses, que nous avons publiées dans l'*Astronomie* (1885), il a trouvé *soixante-dix kilomètres*.

Il peut paraître extraordinaire que les substances qui produisaient les lueurs aient pu rester suspendues à une hauteur de 70^{km}; car, à cette

altitude, et sans même tenir compte de l'abais-
sement de la température qui aurait encore pour
conséquence de diminuer le résultat, on trou-
vera que la pression de l'air doit être seulement de $0^{mm},12$. C'est bien peu pour tenir en
suspension des matières quelconques ; cependant
ce n'est pas là une impossibilité absolue ; et, dans
tous les cas, quelle que soit la cause qui a produit les lueurs, le calcul indique que cette cause
a dû se manifester à une hauteur de 70 kilomètres au moins !

On a rappelé qu'en 1831, après les phénomènes volcaniques qui accompagnèrent l'éruption
de l'île Julia, on avait eu en Europe des brouil-
lards et même des lueurs analogues à celles de
l'hiver de 1883-1884.

On aurait pu ajouter qu'en 1783, précisément
un siècle avant l'éruption du Krakatoa, et aussi
après de violentes éruptions des volcans de l'Islande et après les terribles tremblements de terre
de la Calabre, on avait eu également des brouil-

lards secs encore plus intenses que ceux de 1831.

En admettant que la quantité de matières rejetées par l'éruption du Krakatoa ait été de 18 *kilomètres cubes*, en faisant la part de ce qui a pu tomber de gros matériaux dans le voisinage immédiat du volcan ; et en supposant que la matière ainsi lancée dans l'atmosphère ait été répandue sur tout le globe, on a cherché à déterminer qu'elle aurait été l'épaisseur de la pellicule formée de tous ces débris, afin de voir s'ils avaient pu troubler la transparence de l'air et produire les lueurs crépusculaires. On a ainsi apprécié cette épaisseur à $0^{mm}01$.

Alors les hypothèses ont commencé. Un voile opaque de cette épaisseur, mais divisé en très petits fragments, peut-il produire les phénomènes que nous avons admirés ?

Il est certain que la fumée peut se diluer à un degré extraordinaire et troubler encore la transparence de l'air. En 1802, la combustion d'une forêt près de Sierre en Valais, a donné une fu-

Fig. 5. — L'éruption du Krakatoa.

mée qui a recouvert une surface d'environ 3 000 kilomètres carrés.

Si l'on considère la quantité de houille que l'on jette dans le foyer d'un bateau à vapeur, on est étonné de l'étendue de la fumée qui s'en échappe.

« Les 4 et 6 février 1885, écrit M. Dufour, j'observai la fumée de deux des bateaux à vapeur du lac Léman, le *Dauphin* et le *Simplon*, pendant leurs traversées, entre Morges et Rolle ; quelques-unes des observations ont été faites sur le bateau à vapeur même, d'autres du rivage. Chaque fois on mettait dans le feu environ 50 kilogrammes de houille, et par un temps très calme il est vrai, le panache de fumée qui en résultait était visible sur une étendue de plus de 1 kilomètre. En sortant de la cheminée, il avait environ 1 mètre de large, et à la fin au moins 5 mètres. Ici, il était sans doute très peu intense, cependant il troublait d'une manière appréciable la sérénité du ciel.

« Je sais bien que le nuage qu'il produisait n'était pas continu, il paraissait plutôt formé de bouffées de fumée ; mais les espaces vides étaient peu de chose relativement aux espaces pleins. En somme, je suis certain que je reste au-dessous de la vérité en comptant que ce trapèze de fumée avait 5 mètres à la grande base, 1 mètre à la petite et 1000 mètres de hauteur, ce qui ferait 3 000 mètres cubes. A son origine, il arrêtait presque complètement les rayons du Soleil.

« Les 50 kilogrammes de houille mis dans le feu étaient certainement en grande partie brûlés et réduits en gaz invisibles ; la plus petite partie seulement demeurait à l'état de charbon et s'échappait en fumée.

« Que l'on fasse maintenant le calcul, en exagérant beaucoup si l'on veut, c'est-à-dire en admettant que les 50 kilogrammes de houille étaient entièrement convertis en fumée. On verra néanmoins combien était mince la couche opaque qui en était formée, et qui, cependant, même là où elle était la plus diluée, produisait encore un voile sensible sur le ciel. »

Il n'y a donc rien d'étonnant à ce que la fumée du Krakatoa, réduite à l'épaisseur indiquée, ait produit des phénomènes visibles. Toutefois, ce sera toujours un phénomène d'une puissance bien exceptionnelle que cette éruption qui a lancé dans l'atmosphère une quantité de matériaux suffisants, non seulement pour recouvrir de cendres et de pierre ponce les régions voisines sur une immense étendue, mais encore pour produire une quantité de fumée telle que, pendant plus d'une année, elle a été visible sur une partie notable de la surface du globe.

Mais n'éternisons pas cette relation, quelque curieux, quelque important, quelque rare que soit le sujet qui vient de nous occuper. Nos lecteurs ont entre leurs mains toutes les pièces du procès, nous avons tenu à les leur présenter, et nous sommes assuré que, malgré la témérité apparente de l'explication proposée, ils reconnaîtront avec nous qu'il n'en est aucune d'aussi simple ni de mieux justifiée par l'ensemble des faits observés. Les illuminations crépusculaires observées sont dues à l'énorme quantité de fines poussières lancées à vingt mille mètres de hauteur (au moins) par l'éruption du Krakatoa, poussières qui ont formé des nuages immenses et légers, disséminés et voyageant dans les hauteurs de l'atmosphère.

Oui, cette éruption colossale est bien *le plus grand phénomène terrestre qu'on ait jamais observé.*

P. S. — Ces particules sont restées en suspension pendant plusieurs années dans l'atmosphère.

En 1884 et même 1885, on apercevait encore assez souvent un halo pâle autour du soleil pendant les plus belles journées d'été, et encore quelquefois le soir de beaux vestiges des illuminations roses.

LE CATACLYSME

DE LA MARTINIQUE

I

L'épouvantable et irréparable malheur qui a subitement anéanti, le 8 mai 1902, Saint-Pierre de la Martinique et dévasté l'une de nos plus riantes colonies, ne nous frappe pas seulement par les deuils et les ruines qui ont été la conséquence immédiate du formidable cataclysme, mais encore par le problème inquiétant qui nous est posé, de connaître les causes réelles de ces éruptions inattendues et de savoir si notre planète est vraiment arrivée à la phase de stabilité sur laquelle nous

avons l'habitude d'endormir nos espérances. Cette île de la Martinique vivait heureuse dans tout l'épanouissement d'une végétation luxuriante, cet ancien volcan de la montagne Pelée paraissait aussi inoffensif que ceux de l'Auvergne, et son cratère voisinant avec les eaux souriantes d'un petit lac était un but de promenade et de parties de plaisir pour les habitants de Saint-Pierre. Tout d'un coup, le 8 mai, jour de l'Ascension, après d'assez graves symptômes prémonitoires, qui n'avaient alarmé qu'une partie de la population et qu'un grand nombre d'habitants croyaient même à peu près épuisés, une effroyable trombe de gaz enflammé et de produits volcaniques fut lancée du volcan sur la ville, le port et la rade. Les navires mouillés dans le port s'embrasèrent et coulèrent à pic, à l'exception de deux ou trois, qui purent se sauver, à moitié détruits, sous la pluie de feu. Toute la ville s'incendia et s'écroula, les ruines ensevelissant tout. Il semble que de 8 heures du matin jusqu'au soir,

Saint-Pierre n'ait été qu'un gigantesque brasier. Une immense nappe de feu planait sur toute la région, interdisant toute fuite, brûlant et asphyxiant tous les êtres vivants. Le nombre des victimes dépasse trente mille.

Quelles sont les forces qui ont été en œuvre dans cette révolution du sol?

Le volcan, en apparence éteint, s'est réveillé soudain, en un frémissement formidable.

Mais qu'est-ce qu'un volcan? Pouvons-nous exactement en déterminer la nature?

Quelques mots de théorie ne seront pas inutiles.

Les éruptions volcaniques sont déterminées **par** *la vapeur d'eau.*

D'une part, la chaleur interne du sol augmente à mesure que l'on descend. La proportion, variable selon les terrains, est environ de 1° par 30 à 40 mètres. Ainsi, par exemple, la température moyenne à Paris est de 10°7. A 33 mètres au-dessous du sol, elle est de 12°, à 66 mètres de

13°, à 100 mètres de 14°. Le puits artésien de Grenelle descend à 547 mètres, et la température de ses eaux jaillissantes est de 27°7. La constitution des terrains joue un grand rôle dans cette proportion, qui est loin d'être uniforme, car on trouve en d'autres points, 35, 40, 50 mètres et davantage pour le taux d'augmentation de 1 degré ; mais l'accroissement se constate partout. A une certaine profondeur on arrive à 100°, à une autre à 200°, à 300°, etc. La chaleur des laves au fond des cratères volcaniques a été estimée à plus de 1500° ; elle fond les métaux.

D'autre part, il y a de l'eau dans le sol. Toute l'eau des pluies ne retourne pas à l'Océan par les sources, les ruisseaux, les rivières et les fleuves. Elle n'est pas toujours et partout arrêtée par une couche d'argile impénétrable. Il y a des vides. Les roches les plus profondes sont imprégnées d'eau (qu'on appelle du reste l'eau de carrière). L'eau bout à 100° sous la pression barométrique ordinaire, à 180° sous une pression de 10 atmo-

sphères, à 225° sous 25 atmosphères, se transformant en vapeur. La tension de la vapeur augmente beaucoup plus vite que la température, et
l'on peut admettre qu'elle atteint 1200 atmosphères vers 600°, 5000 vers 1000°, et probablement 10000 vers 1300°.

D'autre part encore, la vapeur d'eau forme la
majeure partie des fumées volcaniques. C'est ce
qui est également démontré depuis longtemps.
M. Fouqué a estimé à plus de 2 millions de
mètres cubes la quantité d'eau qui est sortie de
l'Etna sous forme gazeuse pendant l'éruption de
1865.

Les 323 volcans actifs qui existent actuellement à la surface de notre planète, sont tous
distribués dans le voisinage de la mer. L'eau
peut y arriver par infiltration, et l'eau des pluies
dont nous venons de parler n'y joue sans
doute qu'un rôle secondaire, quoique ce rôle
paraisse fréquent dans les tremblements de terre.

On connaît par expérience aujourd'hui l'irrésistible puissance de la vapeur. Lorsque la tension de la vapeur formée dans ces chaudières intérieures dépasse le poids de la lave augmenté de la pression de l'atmosphère, le sommet du volcan est lancé dans les airs avec les laves, les gaz, les blocs et les cendres et tout ce qui s'y trouve.

C'est ce qui est arrivé à la Martinique comme à Krakatoa, comme à Herculanum et Pompéi. Le Vésuve, lui aussi, paraissait éteint; des parties de plaisir étaient organisées dans son cratère embelli d'une végétation prospère; les légions de Spartacus y avaient campé; on avait oublié les éruptions d'ailleurs perdues dans la nuit préhistorique, lorsqu'en l'an 79 de notre ère, ces deux villes furent englouties dans une longue pluie de cendres et de lave, éruption tragique et mémorable dont le neveu de Pline nous a raconté la dramatique histoire en souvenir de son oncle qui y avait trouvé la mort par excès de curiosité scientifique.

Remarque digne d'attention : les deux catastrophes de Pompéi et de Saint-Pierre présentent un caractère diamétralement opposé ; la première a tout conservé, et c'est grâce à elle que ces demeures luxueuses de la civilisation romaine, ces peintures à fresque, ces mobiliers de marbre, ces formes humaines moulées si scrupuleusement, — tout, jusqu'aux enseignes et aux affiches — nous ont été conservés. A Saint-Pierre, au contraire, tout a été consumé, détruit, anéanti.

Cette explosion du volcan de la Martinique est du même ordre que celle du Krakatoa dont le détroit de la Sonde (entre les îles de Java et de Sumatra) fut le théâtre le 25 août 1883. Elle a été moins violente, moins étendue et sensiblement différente au point de vue chimique ; mais ces plages étant également très peuplées, elle a fait à peu près le même nombre de victimes.

L'explosion qui a lancé dans les airs le sommet de la montagne de Krakatoa a été d'une telle violence qu'elle a secoué la Terre entière et a été entendue jusqu'à ses antipodes ; que l'ébranlement atmosphérique produit par cette poussée verticale a exercé son action sur les baromètres du monde entier, et a fait trois fois le tour du monde ! Elle a lancé 18 millions de mètres cubes de matières, 36 trillions de kilogrammes de poussières éruptives dont une grande quantité ont atteint 20 000 mètres de hauteur, sous forme de brumes atmosphériques supérieures auxquelles on a dû pendant plus de deux ans les magnifiques et étranges illuminations crépusculaires dont plusieurs de nos lecteurs peuvent se souvenir. C'est, du reste, là *le plus grand cataclysme géologique qui ait jamais été observé* depuis les origines de l'histoire.

Nous venons de voir que l'obscurité totale et la pluie de cendres durèrent dix-huit heures ; que lorsque la lumière reparut, on ne retrouva plus même la place des villes de Télok-Betong, de Batam, d'Anjer et de Tjéringin ; qu'un raz de marée amena sur le rivage dés lames d'eau de 35 mètres de hauteur, lesquelles, en se retirant, emportèrent tout, maisons et habitants ; que 40 000 êtres humains disparurent; que lorsque les navires essayèrent de sonder les nouvelles rives de l'Océan, ils rencontrèrent un peu partout des groupes de cadavres enlacés, et que plus tard en ouvrant les grands poissons, on trouva pendant longtemps des morceaux de têtes avec des chevelures, des ossements et des ongles.

Lors du tremblement de terre de Lisbonne, arrivé le jour de la Toussaint de l'an 1755, qui écrasa toute la population priant dans les églises, la mer s'éleva à plus de 15 mètres au-dessus du niveau moyen, redescendit de la même quantité au-dessous de ce même niveau, remonta encore et oscilla ainsi quatre fois de suite en balayant tout sur les rivages; et l'ébranlement du sol se fit sentir jusqu'en Suède et jusqu'aux Antilles — sur une surface égale à quatre fois l'étendue de l'Europe entière.

Quelquefois, des oscillations prémonitoires mettent assez les habitants sur leurs gardes pour leur permettre d'éviter la catastrophe et de conserver au moins la vie sauve. Ainsi le 10 décembre 1869, les habitants de la ville d'Onlah, en Asie-Mineure, effrayés par des bruits souterrains et par une première secousse très violente, se sauvèrent sur une montagne voisine et virent de leurs yeux terrifiés la ville entière disparaître dans d'immenses crevasses, qui se refermèrent après l'avoir engloutie.

Des tremblements de terre beaucoup moins importants, tels, par exemple, que celui de Nice et de Menton, du 23 février 1887, qui causa 650 morts sur la côte italienne, mettent en mouvement des surfaces considérables ; ainsi, celui-ci se fit sentir sur une aire de 600 kilomètres de diamètre s'étendant, sur la carte que j'en ai tracée, jusqu'au delà de l'île d'Elbe, de Florence, de Vérone, de Bâle, de Besançon, de Clermont-Ferrand, de Mende et de Montpellier.

Mais revenons à la Martinique.

II

Les Petites Antilles forment, comme on sait, une sorte de chapelet d'îles à l'est des Grandes Antilles, disposées presque verticalement du nord au sud, ayant au centre les trois îles principales, la Guadeloupe, la Dominique et la Martinique. Nous apprécierons leur importance en sachant que la Guadeloupe a 1 515 kilomètres carrés et 155 000 habitants, la Dominique 754 kilomètres carrés et 30 000 habitants, la Martinique 987 kilomètres et (avant le désastre) 187 000 habitants. Les autres îles, Saint-Christophe, Antigua, Sainte-Lucie, Saint-Vincent, la Barbade sont moins importantes.

Toutes ces îles, dont le principal groupe a été agité dans le cataclysme qui vient d'engloutir Saint-Pierre, forment une série d'îlots d'origine éruptive, paraissant nées d'une série de crevasses sous-marines couvertes par la poussière des volcans. Ce sont des sommets de montagnes volcaniques émergeant du fond de l'Océan.

(La Dominique, Antigua, Saint-Christophe, la Barbade, Sainte-Lucie sont possessions anglaises ; les autres îles appartiennent à la France.)

Il y a des volcans dans toutes ces îles, et là où les cratères sont au repos, des sources d'eaux chaudes, des jets de vapeurs sulfureuses dénotent la présence du feu qui couve. Sainte-Lucie possède un volcan toujours en activité. Saint-Vincent est célèbre par sa soufrière, qui, de siècle en siècle, s'ouvre de nouvelles fissures d'éruption ; le port d'Antigua est un ancien cratère envahi par les eaux ; Saint-Christophe a un volcan au repos depuis le XVIIIe siècle, mais sur les flancs duquel jaillissent constamment, par centaines, des fumerolles de gaz sulfureux ; la

Fig. 6. — Les Antilles.

Dominique possède un lac bouillant et ainsi du reste.

Tout ce chaînon d'îles et d'îlots tient au même système volcanique, et la lave qui circule dans ses sous-sols vient du même foyer.

Que s'est-il passé ? Voici la lettre que m'écrivait de Saint-Pierre même à la date du 3 mai l'un des membres de la Société astronomique de France :

Saint-Pierre-Martinique, 3 mai 1902.

Mon cher Maître,

Je crois de mon devoir de vous envoyer l'exposé ci-dessous des faits relatifs à l'éruption du volcan de la montagne Pelée qui domine la Martinique.

Depuis quelques mois, les symptômes caractéristiques d'un travail souterrain avaient attiré l'attention de tous ceux qui s'intéressent à l'étude des phénomènes cosmiques.

Notre collègue, M. Léon Sully, avait été frappé du fait que les eaux de la Rivière-Blanche charroyaient une grande quantité de *soufre* et d'argile, et que le débit de cette rivière, qui prend sa source à la montagne Pelée, avait triplé. De plus, des fumerolles légères surgissaient du sol.

Le vendredi 25 avril, un cratère s'ouvrait brusquement et lançait une colonne épaisse de fumée : à la lunette d'approche, j'ai observé distinctement des pierres d'assez fort volume qui étaient projetées à des hauteurs variant à mon avis entre 300 et 400 mètres. Cette première explosion a été accompagnée d'une pluie de cendres qui couvrirent la partie nord de l'île, et, plus particulièrement, le village du Prêcheur, d'une couche d'environ 3 millimètres.

Du 25 avril au 2 mai, le volcan sembla se ralentir et, à part quelques légères secousses de tremblement de terre, ressenties les 28, 29 et 30 avril, aucun phénomène spécial ne pouvait indiquer une reprise de l'éruption.

Le 2 mai au matin, me rendant au village du Prêcheur, je fus témoin de la chute d'une *pluie de cendres* plus accentuée que la première. Les crevasses se multipliaient sur tout le versant de la montagne, et une très forte odeur de *soufre* incommodait ceux qui se trouvaient près du village.

De retour à Saint-Pierre, je constatai que l'éruption avait recommencé dans des proportions bien plus fortes que la première fois, et je passai la nuit à observer les phénomènes accompagnant cette nouvelle explosion. Vers minuit un quart, de nombreuses détonations se firent entendre et un dégagement d'électricité très marqué, se manifestant par de multiples éclairs, précéda une nouvelle pluie de cendres.

A 2 heures du matin, le cratère se mit à vomir des *flammes*. Mais le phénomène fut de courte durée.

Les *détonations* se mêlant à l'orage produisaient, vu l'éloignement, l'effet d'une forte canonnade.

Ce matin, la ville et les campagnes environnantes sont couvertes d'une couche de cendres de 2 millimètres environ en moyenne.

Des nouvelles reçues des communes du Nord disent que des pierres de fort volume ont été lancées par le cratère et sont tombées au quartier dit Montagne d'Irlande, à environ 2 kilomètres à vol d'oiseau de leur point de départ.

Il règne une grande panique dans ces communes, et les habitants émigrent en grand nombre vers la ville.

Au moment où j'écris, la cendre tombe toujours, l'éruption bat son plein.

Je ne veux pas manquer le courrier et vous adresse cette première relation qui sera suivie d'une autre que M. Sully et moi vous adresserons dès que nous aurons été suffisamment documentés et que l'éruption sera terminée

Recevez, cher Maître, l'assurance de ma respectueuse considération.

Signé : LALUNG.

La Société astronomique de France comptait à la Martinique une quinzaine d'adhérents. En même temps que cette lettre, j'en recevais plusieurs autres analogues. De Saint-Pierre également, M. Gabriel Gaubert m'écrivait le même jour (3 mai) que la couche de cendres répandue dans l'atmosphère formait un voile assez épais pour empêcher toute observation astronomique du disque solaire, qu'il était même impossible de distinguer.

Les observations annoncées par ces lettres sur la continuation de l'éruption volcanique ne me sont pas arrivées.

Hélas ! ces relations scientifiques de nos chers compatriotes étaient les dernières qu'ils devaient écrire. Ils ont tous (à l'exception de trois, M. le Dr Rémy Néris, M. Th. Célestin et M. Roger Arnoux) été victimes de l'horrible catastrophe.

Les manifestations volcaniques qui viennent d'être décrites n'étaient que les symptômes précurseurs d'un immense désastre. Nous y trouvons signalés le soufre, les cendres, les flammes et les détonations.

Le même courrier qui m'a apporté ces lettres arrivées à Bordeaux par le *Saint-Germain* (et reçues le 18 mai à Paris), en apportait d'autres, non moins intéressantes, datées du même jour,

rédigées en un état d'esprit moins tranquille.
Voici l'une d'entre elles.

Je vous écris à la hâte et sous l'impression d'inquiétudes bien grandes, surtout à cause de ceux des
miens qui m'entourent.

Nous sommes en présence d'une éruption volcanique
qui finira on ne sait comment. En effet, notre vieille
Pelée qui, depuis 1851, n'avait donné signe de vie,
s'est tout à coup ranimée, et la voilà maintenant à
faire ses fredaines. Elle a d'abord envoyé une petite
fumée qui successivement a pris plus d'intensité, et,
hier soir, vers à peu près minuit un quart, des
flammes sortant de la montagne, suivies de détonations terrifiantes, faisaient fuir en toute hâte les
habitants restant dans ses abords. A l'heure où
je vous écris, bruits et flammes ont cessé, mais
par contre, nous sommes aveuglés par la cendre
dont je vous envoie un spécimen et qui tombe sans
discontinuer dans toute l'île, mais principalement à
Saint-Pierre.

Je vous ai télégraphié ce matin : « Éruption volcan
sans danger jusqu'ici. » C'était pour vous rassurer
si, par malheur, on avait trop grossi la catastrophe
chez vous.

Par le packet anglais de jeudi prochain, je répondrai

à vos lettres, — si d'ici là nous sommes encore vivants.

A vous, de tout cœur.

E. DE GRANDMAISON.

Ce sentiment d'inquiétude, on le retrouve dans un grand nombre de correspondances apportées par le même bateau et qui ont été livrées à la publicité.

Une jeune fille écrit au docteur Pichevin :

Si la mort nous attend, nous filerons tous en nombreuse compagnie. Sera-ce par le feu ou par l'asphyxie? Il en sera ce que Dieu voudra. Vous aurez notre dernière pensée.

Donne de nos nouvelles à Robert (son frère), dis-lui que nous sommes encore de ce monde; cela ne sera peut-être plus exact quand ma lettre t'arrivera.

M. Roger Portel écrit le même jour, à son frère :

Que nous réserve demain? Une coulée de laves ? une pluie de pierres? un jet de gaz asphyxiant? quelque cataclysme de submersion? Nul ne le sait.

Un professeur au lycée de Saint-Pierre, universitaire qui était depuis quatorze années dans l'île et qui devait rentrer en France, avec les siens, le 1er juin, écrivait d'autre part :

Samedi 3 mai 1902, 5 h. 45 matin.

Nous sommes en pleine éruption de la montagne Pelée ; toute la nuit le volcan a craché des cendres sur la ville qui apparaît ce matin couverte d'un linceul grisâtre ; de temps en temps de sourdes détonations. Voici quelques jours déjà que le vieux volcan avait manifesté son désir de revivre ou, selon d'autres théories, les approches de son agonie par des émissions de vapeur. L'ancien lac s'était desséché, un autre s'était formé qui bouillonne comme du métal en fusion. Mais rien n'a été aussi impressionnant que le spectacle d'hier.

Je vais au lycée à 8 heures, la montagne était nette de tout nuage, de toute vapeur ; à la fin de ma conférence, j'aperçois les répétiteurs qui, avec quelques élèves, se montrent du doigt la montagne. Je les rejoins. Trois énormes ballons de fumée très compacte, grisâtres, venaient de sortir du cratère, l'éruption continuait. Le vent rejetait ces vapeurs vers le canal de la Dominique.

A midi, cela a repris de plus belle. A 2 heures, c'étaient des jets de pierres très visibles. A 2 heures du matin, ta mère et ta sœur sont réveillées par une détonation, nos chiens jappent; moi-même, qui dormais bien, je suis interrompu dans mon somme par une rêverie étrange et une *odeur de soufre;* il pleuvait de la cendre dans la maison même, les meubles en sont pleins. Nous allons voir sur le boulevard.

9 h. 45. — La cendre nous aveugle; la montagne Pelée est absolument invisible, cachée par une couche impénétrable de vapeurs. Tous les environs sont pleins de fumée qui s'accroche aux arbres et qui retombe en une poudre impalpable. Nous continuons notre route avec l'intention d'aller voir ce que les Saussine sont devenus.

Près du Jardin des Plantes, il devient imprudent pour ta mère et ta sœur d'aller plus loin. Je continue: elles vont sur la Savane voir les Armamet; un bœuf échappé court sur la route comme un fou; les petits oiseaux ne savent sur quelle branche se poser; les pigeons sont blottis dans leurs pigeonniers; dans les cours, poules, canards, restent dans leurs cages; l'aspect de la campagne est lugubre, c'est plus gris que quand il pleut; il pleut, en effet, mais c'est de la cendre.

J'arrive chez Saussine : tout est fermé, je frappe, on *m'ouvre, et vite on referme la porte* ; la cendre couvre le plancher, les meubles, s'introduit dans les tiroirs. Nous nous communiquons nos impressions, la nuit a été très anxieuse, car on paraît s'attendre à l'asphyxie; je prends une tasse de café et nous filons avec Saussine. Mon chapeau est couvert d'une épaisseur de cendre de quelques millimètres, ma veste d'alpaga est grise, mon pantalon et mes souliers ont même aspect.

Du lycée, c'est à peine si l'on peut distinguer la mer, tellement les émanations sont épaisses. On se demande quand cela va finir, car les yeux, les oreilles, le nez sont envahis, et cela peut devenir très gênant. L'eau de la Goyave s'est en partie arrêtée. Mes voisins d'en face sont partis, ce matin, avec leur argenterie. On est monté au morne d'Orange pour mieux respirer, prétend-on. Erreur, c'est la même chose.

Comment va se passer la nuit prochaine?

Les habitants de Sainte-Philomène, du Prêcheur sont effrayés, et l'on voit passer des femmes tenant leurs petits enfants dans leurs bras.

10 heures. — Le tambour roule : nous avons été les seuls à faire classe. Mais le gouverneur, M. Mouttet, vient d'arriver; il réunit une commission. Tous les magasins sont fermés. Une dépêche nous avise que

Fort-de-France reçoit aussi des cendres. Il semblerait, d'après les phénomènes ordinaires, que nous puissions nous attendre à une coulée de lave ; mais l'air commence à devenir peu respirable.

Midi. — A 2 heures il y aura du nouveau peut-être encore ; mais je cours porter cette lettre à la poste.

Cette relation nous montre l'atmosphère imprégnée de cendres ; l'instinct des animaux, plus primitif que celui de l'homme, leur fait pressentir l'imminence du danger.

Le lundi 5 mai, le volcan est entré en une éruption formidable, fumées, cendres, etc. Un torrent de boue brûlante descendit les pentes du cratère par la vallée de la Rivière-Blanche, détruisant sur son passage deux usines à sucre établies dans la campagne, non loin de Saint-Pierre, et vint se perdre dans la mer, qu'il teignit de son limon sur une grande étendue.

Dans toute la région des Antilles, d'ailleurs, on signalait au même moment des perturbations volcaniques. A l'île Sainte-Lucie, située au sud même

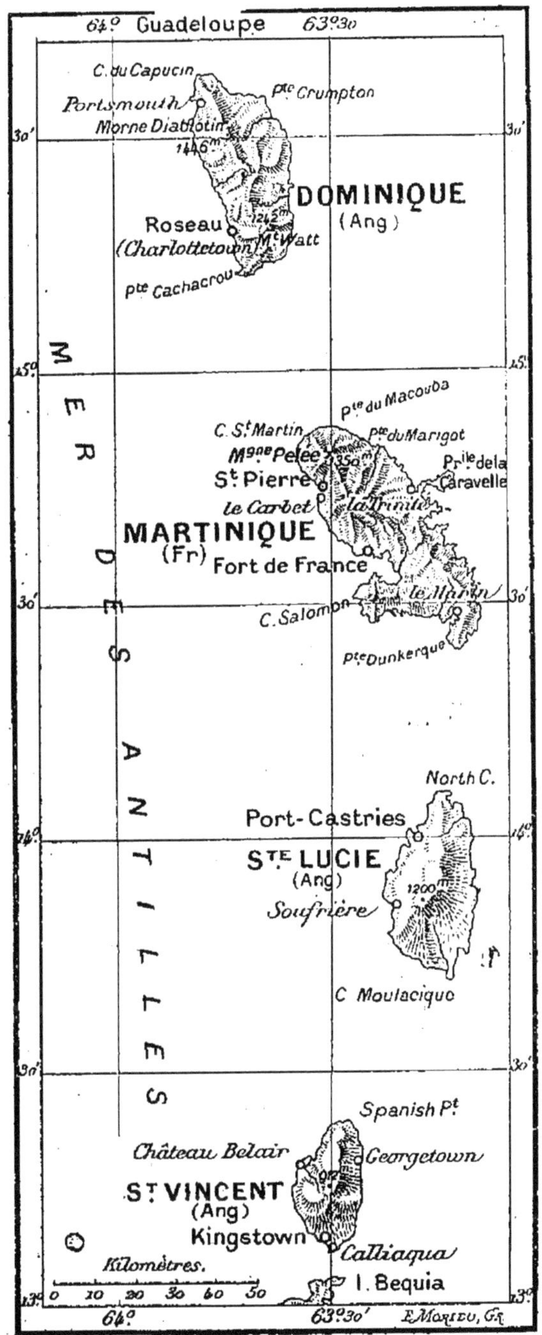

Fig. 7. — La Martinique et les îles voisines.

de la Martinique, on voyait la fumée et les
flammes qui s'échappaient des solfatares de Saint-

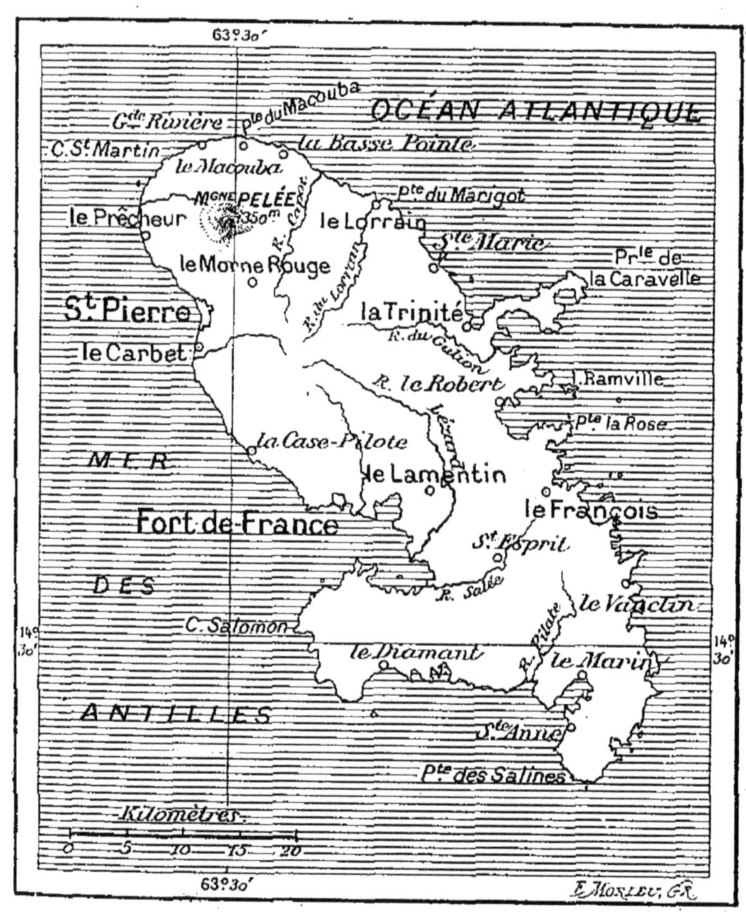

Fig. 8. — La Martinique.

Vincent. A la Dominique, située au nord de la
Martinique, entre cette île et la Guadeloupe, à la

Barbade, et plus au nord dans le groupe dont font partie Saint-Christophe et Antigua, les cratères donnaient des signes d'activité et de sinistres détonations souterraines se faisaient entendre, semant la terreur parmi les habitants.

L'origine volcanique de la Martinique l'expose particulièrement à des sinistres de ce genre. Cette île est traversée, dans toute sa longueur, du nord-ouest au sud-est, par une chaîne de hautes montagnes à nombreux reliefs, entrecoupées de vallées et de gorges étroites. La plus élevée de ces montagnes, qu'on appelle « mornes » aux Antilles, est la montagne Pelée, haute de 1 350 mètres, qui est franchement volcanique, et dont la dernière éruption remontait au mois d'août 1851. On citait encore avec effroi à la Martinique le désastreux tremblement de terre du 11 janvier 1839, qui détruisit presque complètement la ville de Fort-de-France. En 1851, le trouble sismique se signala par la production à la montagne Pelée de deux cratères d'où s'échappèrent d'assez fortes quantités de boue et de cendres. Un petit lac (le lac des Palmistes) s'était logé dans un de ces cratères.

Ce volcan appelé « Montagne Pelée », sans doute, dit E. Reclus, parce qu'une éruption en fit autrefois disparaître les herbes et les arbres sous des couches de cendres, agrandit graduellement la pointe nord-ouest de l'île en épanchant ses laves avec régularité sur tout son pourtour, et a donné à cette pointe sa physionomie actuelle.

Le 5 août 1851, le volcan que l'on croyait éteint, se réveilla : une éruption, sans gravité, couvrit Saint-Pierre de cendres grises. Depuis il paraissait dormir.

Nous venons de voir qu'il s'est réveillé de nouveau, au mois d'avril, dans un réveil qui devait aboutir au cataclysme du 8 mai. Voici la première et terrifiante dépêche qui annonça en France le cataclysme. C'est un télégramme du commandant du *Suchet* au Ministre de la Marine :

Fort-de-France, 8 mai, 9 h. 55 m. soir.

Reviens de Saint-Pierre. Ville complètement détruite par masse de feu vers 8 heures du matin. Suppose toute population anéantie. Ai ramené les quelques survivants, une trentaine. Tous navires sur rade incendiés et perdus. Eruption volcan continue. Je pars pour Guadeloupe chercher vivres.

Rappelons que la ville de Saint-Pierre était, après Fort-de-France, de laquelle 37 kilomètres la séparent, la ville la plus importante de la Martinique.

Située au fond d'une anse circulaire, elle constituait le centre d'une grande partie du commerce de l'île. Elle avait été fondée en 1635, et c'est le premier endroit des Antilles où s'établirent les Européens.

La ville de Saint-Pierre comptait, au dernier recensement, 25 792 habitants ; elle possédait un lycée, une école normale d'instituteurs, une chambre de commerce, un évêché, un hôpital militaire et un hospice civil, un entrepôt pour les

colonies voisines, et enfin c'était le centre le plus
important de la fabrication du rhum.

Le volcan de la montagne Pelée est à 8 kilomètres au nord de Saint-Pierre. Sous quelle
forme l'éruption volcanique s'est-elle produite?
Ici comme pour Krakatoa, ce sont des témoins
oculaires qui vont nous instruire.

III

La première relation a été donnée par le commandant du navire anglais *Roddam*.

Ce bateau avait à bord 26 hommes d'équipage et probablement 14 travailleurs indigènes ; un télégramme de Sainte-Lucie annonça que le navire était arrivé sans son ancre ni sa chaîne et avec ses bâches brûlées, ce qui montre la précipitation avec laquelle il s'est enfui du port de Saint-Pierre, puisqu'on a dû couper l'ancre et la chaîne pour s'échapper au plus vite. La catastrophe a été soudaine ; les hommes du bord ont été cruellement brûlés et 12 ont péri.

Voici le récit du commandant du *Roddam* :

Nous étions arrivés à Saint-Pierre il y avait deux jours, et nous avions trouvé toute la population affolée par suite de fréquentes éruptions de la montagne Pelée depuis une huitaine de jours; beaucoup de navires avaient déjà quitté la rade, mais une trentaine restaient depuis la veille. L'explosion volcanique prit des proportions terribles; vers 8 heures du matin, une épaisse colonne de fumée, s'échappant du sommet de la montagne, s'étendait au-dessus de la ville et du port comme une vaste couronne plongeant la rade et la ville dans la nuit, des *cendres* tombaient du ciel, puis de la *pierre ponce* et des *scories de feu.*

La mer furieuse, hurlante, se soulevait ; des vagues colossales, courant avec une vitesse insensée, se ruaient avec rage sur la terre ; impossible au navire d'avancer ; bientôt *une pluie de boue épaisse couvrit le pont*, pénétrant partout, nous bouchant les yeux, les oreilles, le nez, rendant la respiration impossible. L'atmosphère était *imprégnée d'acide sulfureux.* Beaucoup de passagers suffoquaient ; la boussole déviait follement ; la plupart des passagers croyaient assister à la fin du monde. Cependant des remous terribles continuent à jeter le bateau tantôt sur un flanc, tantôt sur un autre, des éclairs traversaient les ténèbres, la foudre s'abattit sur un mât et suivit le fil conducteur en crépitant [1]. Pendant la durée des éclairs on voyait partout, les visages, les mains, les cordages du pont teintés de gris cendré, couleur de bouc ; sur les parties élevées du mât, sur les cordages, des flammes subites se mouvaient et des matières enflammées tombaient sur le navire. Quelques passagers affolés roulaient les uns sur les autres, poussant des gémissements.

Le navire n'avait pas cessé d'être sous vapeur, mais je craignais que la machine ne refusât le service, car la boue envahissait tout. Enfin, après plusieurs heures d'une nuit complète, les ténèbres se dissipèrent, la mer devint plus calme, le navire put gagner le large ; mais la pluie de pierre ponce durait toujours. Sur le pont, une trentaine de passagers et de matelots gisaient et râlaient, couverts de brûlures : plusieurs sont morts, d'autres ont été projetés à la mer. C'était un spectacle effrayant. Moi-même, à bout de souffle, blessé à la tête, j'eus peine à commander la manœuvre. Enfin, ayant reçu des soins, je repris des forces. Autour de moi, les râles et les gémissements continuaient.

---

[1] Constatons la concordance vraiment remarquable de cette relation avec celle de M. Van Sandick sur le bateau devant Krakatoa, citée plus haut, p. 8 et 9.

Au loin, la côte de la Martinique présente un spectacle navrant, les vagues semblent passer où était une partie de la terre ferme, les flots furieusement agités forment un flux et un reflux continuels, la longue-vue permet d'apercevoir un instant que la ville est détruite et que tous ses habitants ont péri, enfouis sous les ruines ; beaucoup ont dû être brûlés vifs, alors que d'autres ont été enlevés de leurs habitations par les lames furieuses, de proportions inouïes.

Parmi les six pouces de cendres noirâtres qui recouvraient le pont du bateau gisaient une dizaine de gros objets calcinés indescriptibles : c'étaient des cadavres. Deux autres hommes de l'équipage ont succombé à leurs brûlures. Le bateau fut poursuivi dans sa fuite pendant six milles par la pluie des scories enflammées.

Tel est le récit du capitaine du *Roddam*. Les survivants de l'équipage ne tarissent pas d'éloges sur l'héroïsme de cet homme qui, les mains brûlées, avait tenu à faire lui-même le service du gouvernail à l'heure du danger, et qui arriva presque mourant au port de Sainte-Lucie. Ce récit ne tarda pas à être confirmé par les autres navires.

Un vapeur de la royale Mail Company, passant le lendemain à dix heures du soir à cinq milles en vue de la Martinique, fît jouer ses sirènes et lança des fusées ; mais il ne reçut aucune réponse. Tout le rivage, sur une étendue de plusieurs milles, ressemblait à une immense fournaise. Une chaloupe fut envoyée à terre ; mais la chaleur était telle que son équipage ne put pas débarquer. Deux heures durant, la chaloupe croisa : aucun être n'apparut. On entendait de fortes explosions. Le vapeur, malgré la distance, fut lui-même recouvert de cendres brûlantes.

Le commandant du *Suchet*, qui envoya en France la première dépêche du désastre, donne le même témoignage.

Un caboteur français arrivé de Fort-de-France rapporte que toute la campagne lui parut brûlée : les animaux étaient morts, toutes les plantations étaient calcinées. Les paysans accouraient en masses dans les villes. On ne pouvait approcher de Saint-Pierre à cause de l'incendie. Tout ce qu'on pouvait apercevoir, c'étaient des rues jonchées de cadavres calcinés et des maisons qui continuaient de flamber. La ville et ses environs, dans un rayon de plusieurs kilomètres, se montraient entièrement détruits.

Le schooner anglais *Ocean Traveller*, arrivé à la Dominique le 9 mai, à 3 heures, a annoncé qu'une abondante pluie de sable l'avait obligé, dans l'après-midi du mercredi 7, à fuir l'île de Saint-Vincent, dont le volcan était en éruption. Il avait essayé d'entrer à Sainte-Lucie, mais n'avait pu y réussir à cause des courants contraires. Il était arrivé en vue de Saint-Pierre le jeudi matin et s'était arrêté à un peu plus d'un kilomètre de la ville.

Le feu balayait tout Saint-Pierre, détruisant à la fois la ville et les navires du port, parmi lesquels le *Grappler*, qui était occupé à réparer le câble près de la factorerie d'épaves.

Fig. 9. — La ville de Saint-Pierre en flammes, vue du bateau le *Suchet*.

En même temps, le Consulat des États-Unis à la Pointe-à-Pitre télégraphiait à son gouvernement que dix-huit navires venaient d'être brûlés et engloutis avec tous ceux qui étaient à bord. De ce nombre quatre étaient américains.

Telles furent les premières nouvelles du désastre.

Un témoin, se trouvant dans la campagne, à quelque distance de la zone dévastée, adresse d'autre part l'émouvant récit suivant :

La montagne Pelée avait déjà donné des signes d'activité, mais nous ne pensions pas qu'il pût s'agir d'autre chose que d'une éruption de flammes et de vapeurs, comme il y en avait eu précédemment.

Le 8 au matin, j'étais de bonne heure dans les champs. Le sol tremblait comme dans les tremblements de terre, mais comme si des luttes se livraient dans les flancs de la montagne.

Je fus frappé de terreur; sans pouvoir m'expliquer pourquoi, il m'était impossible de crier[1]. Tout à

---

[1] *Vox faucibus hæsit* (VIRGILE).
L'effroi, la stupeur n'ont pas de manifestation plus caractéristique.

coup le mont Pelée parut frissonner, et une sorte de gémissement sortit du cratère.

L'air semblait mort. Je fus assourdi par un bruit atroce et formidable. On eût dit que tout se brisait. Une lueur plus aveuglante qu'un éclair se produisit, et je restai cloué au sol.

A ce moment, *un nuage,* qui s'était formé au sommet du mont Pelée, *tomba littéralement sur Saint-Pierre,* et avec une rapidité telle qu'il aurait été impossible à qui que ce fût de s'échapper.

Puis, de terribles explosions retentirent, tandis que des lueurs traversaient à intervalles réguliers les intenses ténèbres. On eût dit que toutes les marines du monde se livraient un combat de Titans.

Quand j'eus recouvré l'exercice de mes facultés, je courus jusque chez moi et je partis pour Fort-de-France par un petit vapeur, emmenant toute ma famille.

J'ai su depuis que le premier nuage tombé sur Saint-Pierre ne contenait pas de feu, mais un *gaz lourd, semblable au grisou,* qui doit avoir asphyxié tous ceux qui l'ont respiré.

L'éruption du volcan est passée par une série de phases différentes.

Le 5 mai, une coulée de laves brûlantes tombant du sommet et suivant le lit desséché d'un torrent, franchissait en quelques minutes l'espace de huit kilomètres qui sépare la montagne du rivage, balayant sur son passage, plantations, édifices, factoreries et tout être vivant, sur une largeur d'un demi-kilomètre. (Une grande cheminée d'usine émergeant de la coulée de laves, c'était tout ce qui subsistait de l'importante sucrerie Guérin, engloutie sous le flot avec les 150 personnes qui s'y trouvaient.)

La mer, cédant sous la poussée formidable de la coulée de laves, avait reculé de cent mètres sur la côte ouest, puis, revenant en une immense vague avec une force irrésistible, elle s'était abattue comme une trombe sur le rivage, sans toutefois causer trop de dégâts. Des détonations terribles se faisaient entendre à des intervalles irréguliers mais courts.

Pendant la nuit suivante, les lumières électriques s'étaient éteintes, l'obscurité était intense; mais les gerbes de flammes de la montagne jetaient leurs sinistres clartés sur Saint-Pierre.

Les habitants éperdus, affolés, poussant des cris et des gémissements, se précipitaient vers les collines.

L'éruption continua sous diverses formes : peu de lave, torrents de boue brûlante, pluie de cendres, de bombes volcaniques et de pierres ponce.

Le *Suchet*, dont la dépêche annonça le cataclysme en France, n'est arrivé sur les lieux qu'après la catastrophe définitive. Le commandant de ce navire a constaté, comme nous l'avons vu, que le jeudi 8, dans l'après-midi, Saint-Pierre était entièrement couvert de flammes. Il avait fait tous ses efforts pour sauver une trentaine de personnes plus ou moins grièvement brûlées ; il avait envoyé ses officiers à terre avec des chaloupes à la recherche des survivants ; mais il leur avait été impossible de pénétrer dans la ville, où l'on apercevait des monceaux de cadavres tombés sur le port.

Le feu a fait son œuvre, mais, sans doute, sur des êtres déjà asphyxiés. Nous venons de voir par le récit d'un témoin que la première manifestation du cataclysme du 8 mai a été le lancement d'un nuage sur Saint-Pierre, avec une rapidité foudroyante. On a pu penser d'abord que ce nuage était une trombe d'acide sulfureux. On sait que l'on trouve dans les produits volcaniques les gaz les plus insalubres à respirer, tels que les acides chlorhydrique, sulfureux, carbonique et sulfhydrique. Une atmosphère imprégnée de ces gaz suffit pour amener rapidement la mort. Que l'on songe seulement à ce qui se produit lorsqu'on respire dans le voisinage de la vapeur soufrée d'une simple allumette. Un jour, étant allé visiter le cratère du Vésuve, peu de temps après une éruption, je trouvai l'odeur du soufre si désagréable sous le vent, qu'il me fut impossible d'y rester. Or, à la Martinique et à Saint-Vincent on signalait des émissions de soufre un peu partout.

Mais il est utile de comparer plusieurs récits différents. Voici celui d'un matelot échappé comme par miracle :

Il y eut d'abord un bruit effrayant d'explosion, et aussitôt après *un cyclone de fumée et de feu*. La fumée était si terrible et si « vénéneuse » qu'elle brûlait plus que le feu. Quand elle atteignait les gens, ceux-ci tombaient morts.

Bientôt survint un « nuage de feu » encore plus grand que le nuage de fumée qui pourtant nous avait paru plus gros qu'une montagne. Ce feu a brûlé la ville tout entière.

Près de moi, je n'ai vu que des morts, mais sur la côte j'ai vu des hommes et des femmes qui couraient ici et là parmi les flammes. Ils ne coururent pas longtemps. Une épouvantable fumée vint, et ils tombèrent comme des mouches.

L'explosion de fumée et de feu, tout arriva et disparut en trois minutes ; mais la ville brûla pendant trois heures.

M. le docteur Pichevin, dont le nom a été cité plus haut, a communiqué aux journaux la lettre suivante, d'un survivant de la catastrophe :

Fort-de-France, 12 mai

C'est encore sous l'émotion de la terrible catastrophe que je vous écris. Ne vous étonnez donc pas si je suis quelque peu incohérent et s'il n'y a pas beaucoup de suite dans mes idées.

C'est un désastre épouvantable, dont il n'y a pas, je crois, exemple, non seulement dans notre petite histoire locale, mais même dans l'histoire du monde, de l'humanité. Toute une ville de 25000 âmes détruite, avec ses environs, dans un espace de trente secondes. De Sainte-Philomène au Carbet, plus rien, rien !

Très peu de personnes ont quitté Saint-Pierre; même beaucoup de gens de Fort-de-France y allaient constamment *pour voir !*

Depuis huit jours, le volcan envoyait beaucoup de fumée, mais personne ne craignait. On entendait sans discontinuité des grondements souterrains, avec le bruit d'une charrette qui roule. Un de nos amis qui arrive de la Guadeloupe m'a même dit que la veille, le 7, on entendait des grondements à la Pointe-à-Pitre, et cela avec une telle intensité qu'on se demandait s'il resterait quelque chose de la Martinique. Même à Fort-de-France, nous avions déjà reçu des cendres; il y avait une couche d'à peu près deux millimètres.

La catastrophe a été si subite qu'aucune des victimes n'a dû souffrir : on n'a pas dû avoir le temps de se voir mourir. On a trouvé à la place Bertin une femme qui avait commencé le geste de se couvrir la tête avec ses mains ; le geste n'a pas été achevé ; les mains étaient à la hauteur des oreilles.

On suppose qu'une immense crevasse a dû s'ouvrir dans le flanc de la montagne Pelée, du côté de Saint-Pierre. *Il est sorti une telle quantité de feu, de pierres incandescentes et aussi, probablement, de gaz délétères, que tout le monde a été asphyxié* en un rien de temps. Cette bande, cette zone de feu a laissé des deux côtés des limites très nettes : du côté du Carbet, on voit, suivant une ligne droite, d'un côté l'herbe verte, les arbres, dans le même état qu'anciennement ; de l'autre côté tout est ravagé. Il en est de même au Prêcheur.

L'usine Guérin, engloutie sous une coulée de lave boueuse, était au bas du volcan, au bas d'une gorge rapprochée de la montagne Pelée, tandis que, pour arriver jusqu'à Saint-Pierre, on se disait que la lave aurait eu à combler toute la vallée de Pennelle, ce qui aurait pris du temps. On était donc tranquille, malgré tout.

Thierry, un homme très sérieux, ancien directeur du Jardin des Plantes de Saint-Pierre, et qui était au morne Rouge au moment de la catastrophe, m'a raconté qu'il a parfaitement vu et compté sept trous, orifices ou cratères, vomissant à la fois. Cet énorme dégagement de chaleur avait dû provoquer un tel appel d'air qu'il a eu pendant plusieurs minutes la sensation d'être invinciblement attiré vers le volcan, au point qu'il a éprouvé le besoin de s'accrocher à quelque chose.

Pour vous donner une idée de la force du phénomène, le sémaphore de la place Bertin, qui était d'une belle épaisseur, est complètement rasé.

Même à Fort-de-France, cela a été très angoissant. Vers 8 heures du matin, on a entendu des grondements formidables ; l'air était sombre comme pendant une éclipse. On entendait comme une forte grêle tomber sur les toits, et, chose curieuse, on ne voyait rien tomber. Ce n'est qu'au bout de quelques instants qu'on s'en est rendu compte : c'était de la boue avec de petites pierres incandescentes à la sortie du cratère, mais qui, pendant ce trajet de 30 kilomètres, avaient eu le temps de se refroidir et ne pouvaient pas mettre le feu. J'ai eu la sensation très nette, en ce moment, que, si cela arrivait jusqu'à Fort-de-France dans de telles conditions, Saint-Pierre devait être absolument détruit.

Je ne vous citerai pas les victimes. Il sera beaucoup plus court de vous dire les noms de quelques rares privilégiés qui ont échappé. Remarquez bien que ceux-là avaient quitté Saint-Pierre ; aucune des personnes présentes à Saint-Pierre n'a pu être sauvée.

M. et Mme Mouttet sont morts. Pour inspirer confiance, M. Mouttet, qui ne croyait pas à l'imminence du danger, avait emmené sa femme. Au moment de la catastrophe, il était avec les membres de la Commission nommée pour étudier le phénomène, dans un canot qui se tenait à peu près à 400 mètres du rivage, se dirigeant vers le Prêcheur. Sa femme, à cette heure-là (8 heures du matin), devait être à sa toilette à l'hôtel de l'Intendance.

Pauvre petite femme !

C'est une catastrophe sans nom, dont vous ne pouvez pas vous faire la moindre idée.

Guirouard-Bonnaire.

L'éruption vue de la terre.

Le docteur Pichevin a également communiqué une lettre où l'éruption vue de la terre est minutieusement décrite. Nous mettrons cette description en regard de celle qui la suit et qui raconte la catastrophe vue de la mer.

Je ne puis mieux faire que de vous rapporter le
récit qui m'a été fait par Fernand Clerc, conseiller
général et candidat à la députation, qui se trouvait
sur la propriété Littré, au Parnasse (montagne s'élevant en face de la montagne Pelée, entre Saint-Pierre
et le morne Rouge) et qui se demande jusqu'à présent
comment il se fait qu'il soit vivant.

Depuis le samedi 3 mai, l'éruption prenait des proportions inquiétantes, l'île entière était couverte de
cendres.

Lundi a eu lieu la catastrophe de l'usine Guérin,
complètement engloutie sous une avalanche de laves
et de boues. J'ai immédiatement téléphoné à l'oncle
M... d'abandonner la ville. Je lui enverrai des voitures
à Fort-de-France. Il me répond mardi qu'ils sont tous
au morne d'Orange (éminence située à l'extrémité sud
de Saint-Pierre) et qu'ils y sont en sûreté.

Mercredi, l'éruption augmente d'intensité; d'ici les
grondements sont effroyables; il pleut de la boue et
des débris de roches; l'oncle M... demande à Bassignac
(usine située à la Trinité) des voitures; la Trace
(route qui traverse l'île de l'Est à l'Ouest), est
coupée.

Hier matin jeudi, le jour se lève très triste. Fernand
Clerc avait quitté Saint-Pierre pour se réfugier au
Parnasse.

Vers huit heures, m'a-t-il dit, il était accoudé à une fenêtre, observant la montagne qui, depuis un moment, grondait beaucoup plus fort. Tout à coup, à la suite de deux détonations épouvantables, il a vu se former, du haut en bas de la montagne, *une fissure par où s'échappait*, avec un bruit effrayant, *un immense jet de feu*. Il n'a eu que le temps de s'enfuir à toutes jambes avec son monde. Il n'a pu aller bien loin. Il a été, il ne sait comment, jeté à terre. Quand il s'est relevé, Saint-Pierre n'existait plus. A vingt-cinq mètres derrière lui gisaient les premiers cadavres. Il est revenu sur ses pas, est même descendu jusqu'aux Trois-Ponts (banlieue de Saint-Pierre). Il n'existait plus rien, ni un arbre, ni l'apparence d'une construction.

Le terrain est déblayé et nivelé comme si on y avait passé le rouleau. Pas de décombres, pas de boue; rien qu'un peu de cendres; pas de cadavres, il n'y en a que sur la limite de la gerbe de feu; à l'intérieur du secteur, il ne reste plus rien, je ne peux vous dire autre chose, il n'y a *plus rien*. C'est le désert, ou le silence encore plus absolu d'une immense nécropole. Pas trace de végétation, pas le plus petit cri d'oiseau ou la plainte d'un animal quelconque; c'est le silence absolu de la mort.

En sortant de la montagne Pelée, la gerbe a fait

éventail ; la branche droite se dirige vers Grand'-
Rivière, Sainte-Philomène, Prêcheur, Céron, etc., tous
ces villages n'existent plus. A gauche, figurez-vous
une ligne droite passant exactement par l'Eau-
Égouttée (montée du Réduit), la Croix-du-Réduit (sur
le chemin qui relie Saint-Pierre au morne Rouge), les
bâtiments Littré, au Parnasse, le petit séminaire, le
morne Abel, le morne d'Orange et jusqu'à la mer à
la Grande-Anse du Carbet. Tout l'intérieur de ces sec-
teurs est anéanti par le feu : *il n'y a plus rien !* Pour
vous en donner une idée, on ne voit même plus la
trace du moulin à cannes de l'habitation Pécoul.

L'éruption vue de la mer.

M. Georges-Marie Sainte, le second capitaine de
la goélette *Gabrielle*, de la maison Knight, a
adressé à un de nos confrères de Fort-de-France,
l'*Opinion*, le récit suivant :

A 7 h. 50, un grondement formidable se fit
entendre dans la montagne, comme si une déchirure
monstrueuse s'y opérait de la cime au pied. Et alors
on vit, au milieu d'une fumée noire, impénétrable à

l’œil, *une masse gigantesque, informe, imprécise, qui vint s’abattre sur la vallée, avec une rapidité vertigineuse,* enfouissant sous les ruines, engloutissant dans sa tourmente Saint-Pierre tout entier, de Sainte-Philomène à la petite anse du Carbet.

Sur mer, les deux tiers des navires en rade, après un craquement sinistre de toute leur charpente, eurent les mâts et les dunettes brisés, rasés, emportés, et coulèrent brusquement, les uns par la proue, les autres par la poupe. Seuls, trois bateaux dont deux à vapeur, le *Korona* et le *North-America*, purent résister au choc : mais, de leur équipage carbonisé, il ne subsista que quelques hommes qui furent sauvés comme par miracle. M. Georges-Marie Sainte, qui se trouvait alors à bord de la *Gabrielle*, ne dut la vie qu’à une immersion subite et forcée. L’eau ambiante était à ce point chaude qu’il eut, de même que les quatre autres survivants de la goélette, le corps affreusement échaudé. Après s’être débarrassé des agrès qui gênaient ses mouvements sous l’eau, il revint à la surface. C’est alors qu’il put contempler, dans toute sa grandiose horreur, l’effrayant brasier qui s’étendait devant sa vue, de Sainte-Philomène jusqu’à 300 mètres du Carbet, dévorant les ruines de la ville déjà effondrée, et se colorant par endroits des lueurs fantastiques des feux de Bengale.

Tandis qu'il cherchait une épave quelconque pour tenter de se sauver, une pluie furieuse de lave incandescente, *un mélange innommable de boue et de pierres laviques s'abattit sur la ville incendiée* et sur les environs, sifflant et crépitant sur la mer comme les balles hâtives d'une fusillade précipitée.

Vers 9 heures du matin, dans une éclaircie, M. Marie Sainte put nettement distinguer la montagne Pelée réduite d'au moins trois cents mètres, la crête déchiquetée, les flancs largement crevassés. Entouré des survivants de son ancien équipage, il se disposait à gagner le large **sur des épaves** nouvellement rencontrées, lorsque le vent qui soufflait jusque-là du Nord-Ouest changea brusquement et se mit à l'Ouest-Sud-Ouest. Les épaves étaient invinciblement poussées vers le rivage en flammes!

Ses compagnons l'avaient rejoint. Ils purent voir bientôt la fumée d'un vapeur qui arrivait sur eux. Tous leurs signaux à l'adresse de ce steamer restèrent vains.

Vers 2 heures de l'après-midi, les malheureux sinistrés aperçurent, à un mille de distance, une pirogue vide. M. Sainte se jeta à la nage dans l'intention de la mener auprès de ses compagnons d'infortune et de les y embarquer. Après une lutte d'une demi-heure contre les vagues, le vent et les épaves

qui couvraient partout la mer, la chaloupe débar-
rassée de la lave et de l'eau chaude qui s'y étaient
amassées, il eut enfin le bonheur d'y voir entrer ses
camarades désormais en possession d'un moyen de
sauvetage.

Enfin, vers 3 heures, ils découvrirent, venant
dans leur direction, un nouveau vapeur qu'ils ne
tardèrent pas à reconnaître : c'était le *Suchet*.

On a signalé, dès le début, l'incroyable soudaineté du phénomène. De tous les récits qui ont
été faits, il n'y en a peut-être pas de plus caractéristique que celui de M. H. Thomson, le sous-
commissaire du *Roraïma*, en rade devant Saint-
Pierre. Le voici :

Il était au panneau n° 2, appuyé sur la balus-
trade, regardant avec étonnement le magnifique et
terrible aspect de la montagne ; beaucoup de passagers ainsi que l'équipage étaient sur le pont, con-
templant la grandeur du phénomène.

Le troisième ingénieur, appareil en mains, allait
prendre une photographie de la montagne fumante.
C'était quelques minutes avant 8 heures.

Tout à coup, un épouvantable grondement se fit

entendre, suivi d'une explosion formidable ; le bruit de l'explosion ne peut se comparer qu'à la décharge simultanée de mille canons de gros calibre, et tout le ciel ne fut plus qu'une flamme. Un arrêt momentané dans le grondement, et le capitaine Muggah se précipita sur le pont, criant à l'équipage de lever l'ancre. Mais c'était trop tard. Un *tourbillon de vapeur* tomba sur les navires et une *avalanche de feu* balaya la ville et la rade avec la violence d'un ouragan.

M. Thomson ajoute qu'il se précipita dans sa chambre tandis que le steamer talonnait et que ses mâts et ses cheminées tombaient à l'eau. Les yeux, les oreilles, la bouche et les vêtements de ceux qui étaient à bord étaient pleins de cendres ou de lave, et l'obscurité était si intense, et le grondement si fort que ceux qui étaient à bord ne pouvaient ni voir ni entendre quoi que ce fût à quelques pieds, et que tous suffoquaient littéralement.

La scène fut effroyable pendant un moment.

L'ouragan de feu heureusement ne dura que quelques minutes.

M. Paul Mirville, qui avait été désigné pour faire partie de la Commission de cinq membres nommée par M. Mouttet, après la destruction de

13.

l'usine Guérin, a surtout remarqué la *haute température* de l'atmosphère.

Embarqué le lendemain matin à Fort-de-France, sur le petit navire faisant le service entre cette ville et Saint-Pierre, il dut rentrer au port sans avoir pu aller bien loin.

Une demi-heure après mon retour, continue M. Mirville, je reçois de mes supérieurs l'ordre de rejoindre la Commission. Je m'embarque une seconde fois; la pluie de cendres et de cailloux plats avait cessé.

Au fur et à mesure que nous approchions de la malheureuse ville, l'air devenait de plus en plus chaud ; nous ne pouvions nous expliquer la cause de cette élévation de température, mais cela ne laissait pas de nous inquiéter. Tout à coup, après avoir dépassé une petite pointe de terre nous découvrîmes cet horrible spectacle que je n'oublierai jamais. Toute la ville de Saint-Pierre était embrasée et formait un foyer colossal de quatre kilomètres de long. Sur la rade, si remplie d'ordinaire de navires de toute nationalité, plus rien que des carcasses de bateaux qui achevaient de brûler.

La mer était couverte de pirogues renversées. Notre petit vapeur flottait au milieu de cadavres à demi carbonisés, ceux des malheureux matelots dont les bâtiments avaient été dévorés par l'incendie. Nous n'aperçûmes aucun être vivant. La chaleur était intolérable; nous courions un réel danger, une nouvelle éruption pouvait se produire. Le plus prudent était de nous éloigner au plus vite. A mon arrivée à Fort-de-France, je courus à l'hôtel de ville pour faire connaître aux autorités la sinistre nouvelle. J'ai eu le triste privilège d'être le premier à annoncer, à la capitale de la Martinique, la destruction de Saint-Pierre...

IV

Autres relations de témoins oculaires.

L'un de nos collègues de la Société Astronomique de France, M. Th. Célestin, arrivé à Paris à la fin de mai, avait pris l'heureuse et clairvoyante détermination de s'enfuir, avec sa famille, la veille de la catastrophe, douze heures avant le coup fatal. Du village du Carbet, il a vu le cataclysme du 8, la montagne s'entr'ouvrir et déverser des torrents de feu sur Saint-Pierre. Voici un extrait de l'émouvante narration qu'il m'a faite personnellement :

Le 7, de nouveaux cratères semblent se former et la fumée augmente. A 3 heures du soir, de sourdes détonations se font entendre. C'est comme une salve d'artillerie en règle. Les coups se succèdent à des intervalles assez réguliers, 6 secondes environ. On en compte jusqu'à 9 à 10. Les habitants sont dans la consternation; mais personne ne veut croire au danger; la Commission scientifique nommée pour étudier la situation est d'un optimisme qui arrête tout mouvement hors de la ville[1].

La nuit du 7 au 8 est plus orageuse que jamais et des flammes intenses s'échappent du cratère. Je m'étais retiré depuis la veille au Carbet, et c'est de ce village, situé à 5 kilomètres de Saint-Pierre, que j'assiste au phénomène.

---

[1] Malgré ces symptômes, malgré cet exode partiel, le gouverneur, qui était arrivé le 3 à Saint-Pierre, avait fait afficher une proclamation recommandant le calme, et le 7 mai — la veille de l'éruption — paraissait le communiqué officiel suivant :

« La Commission chargée d'étudier les phénomènes volcaniques de la montagne Pelée s'est réunie hier soir, 6 mai, à Saint-Pierre, à l'hôtel de l'Intendance, sous la présidence de M. le Gouverneur.

« Après examen des faits constatés successivement depuis le commencement de l'éruption, la Commission a reconnu :

« 1º Que tous les phénomènes qui se sont produits jusqu'à ce jour n'ont rien d'anormal et qu'ils sont au contraire identiques aux phénomènes observés dans tous les autres volcans ;

« 2º Que les cratères du volcan étant largement ouverts,

Au matin du 8, la montagne est effrayante à voir : elle est entièrement noire, et de partout s'élèvent d'immenses colonnes de fumée. Le ciel est gris et le soleil voilé. Pas une brise, rien ! Tout est calme et la nature semble plongée dans une tristesse significative.

Il est 8 heures !... Tous les regards sont tournés vers Saint-Pierre et l'on est dans une anxiété profonde. Tandis que l'on échange des appréciations plus ou moins erronées, l'aspect de la montagne change subi-

l'expansion des vapeurs et des boues doit se continuer comme elle s'est déjà produite, sans provoquer des tremblements de terre ni des projections de roches éruptives;

« 3º Que les nombreuses détonations qui se font entendre fréquemment sont produites par des explosions de vapeurs localisées dans la cheminée et qu'elles ne sont nullement dues à des effondrements de terrain ;

« 4º Que les coulées de boue et d'eau chaude sont localisées dans la vallée de la rivière Blanche ;

« 5º Que la position relative des cratères et des vallées débouchant vers la mer permet d'affirmer que la sécurité de Saint-Pierre reste entière ;

« 6º Que les eaux noirâtres roulées par les rivières des Pères, de Basse-Pointe, du Prêcheur, etc., ont conservé leur température ordinaire et qu'elles doivent leur couleur anormale à la cendre qu'elles charrient.

« La Commission continuera à suivre attentivement tous les phénomènes ultérieurs, et elle tiendra la population au courant des moindres faits observés. »

Le lendemain de cette proclamation, Saint-Pierre était anéanti.

tement. L'on dirait qu'elle est toute en mouvement ; partout de la fumée ; des panaches par milliers s'élèvent dans les airs. Un éclair brille sur cet amas de vapeur. Que se passe-t-il ?... Une seconde, deux secondes s'écoulent... Nous sommes perdus ! C'est la montagne qui s'écroule ! crie-t-on de toutes parts ; fuyons !

Alors le désordre est à son comble ; toute une population épouvantée, les mains tendues vers le ciel, fuit en poussant des cris lamentables. Je me sauve, ainsi que ma famille, dans la direction du Sud. Je me retourne pour voir ce qui se passe. Le spectacle est affreux.

La montagne n'existe plus ; c'est une avalanche, un énorme rideau de fumée noire, illuminé par des milliers d'éclairs, qui se précipite vers nous avec une rapidité étonnante. Le ciel est envahi et nous nous trouvons sous la voûte enflammée. Un affreux grondement accompagne la marche du phénomène. La mer est noire, elle tourbillonne en tous sens et lance dans les champs de longues vagues qui baignent le chemin. C'en est fait de nous ! Il n'y a plus qu'à se résigner à la mort...

Mais une vive réaction se produit subitement dans l'air : un vent impétueux, une véritable bourrasque souffle du Sud. Les arbres se couchent vers le sol sous l'action du vent, la marche du phénomène s'arrête à l'entrée du village, à 300 mètres de nous. Nous sommes sauvés ! Trente secondes s'é- taient écoulées depuis le commencement de notre course.

Le vent diminue peu à peu et cesse après deux ou trois minutes.

Saint-Pierre est alors embrasé, et c'est un immense rideau de feu qui se voit. Un orage épouvantable s'abat sur nous ; des détonations formidables succè- dent aux milliers d'éclairs qui remplissent l'air, et nous recevons pendant trente minutes une pluie abon- dante de pierre et de boue.

Saint-Pierre n'est plus ; c'est un amas de débris où la vie semble n'avoir jamais existé. Des 30 000 habi- tants qui s'y trouvaient, pas un n'en sort. La ruine complète s'ensuit pour les pauvres survivants qui n'ont plus de larmes pour pleurer leurs parents et amis disparus.

Dès le 6 mai, on fuyait, écrit un autre corres- pondant. L'émigration de Saint-Pierre se fait de plus en plus intense ; du matin jusqu'au soir et toute la nuit ce ne sont que gens pressés por- tant des paquets, se dirigeant vers le Fonds-

Saint-Denis, le morne d'Orange, le Carbet, etc. Les bateaux ne désemplissent pas.

Voici le récit de l'odyssée d'une famille fuyant le cataclysme :

C'est à Beauregard que nous étions, quand nous avons été surpris par une avalanche de cendres, de boue et de pierres qui s'élevait jusqu'au ciel et nous poursuivait en mettant partout le feu sur son passage. Nous venions de nous réveiller. Nous avons fui à travers champs, plusieurs d'entre nous à peine habillés et nu-pieds ; nous avons vu la mort vingt fois et je considère comme un miracle que nous n'ayons pas succombé ; nous recevions sur la tête des pierres, de la boue et des gouttes d'eau chaude, quand tout à coup un vent furieux arrêta l'avalanche sur notre tête.

Pour fuir, nous avons fait ce jour-là 15 à 20 kilomètres, montant et descendant les mornes et n'ayant, pour apaiser notre gorge en feu, que quelques gorgées d'eau boueuse.

Ce calvaire, qui commença avant 8 heures, s'est terminé le soir à la nuit tombante.

A bord de *La France*, premier paquebot arrivé en France après le désastre, il y avait aussi un

homme qui vit Saint-Pierre le jour de l'éruption.
C'est le docteur Masurel, médecin du *Suchet*, ce
croiseur français dont le commandant télégraphia
le premier au ministère la nouvelle du désastre :

Il y a eu, dit le docteur Masurel, plusieurs phénomènes : *une formidable commotion électrique*, qui a
dû raser complètement la partie Nord de la ville, le
faubourg Fonds-Core et le petit village de Sainte-
Philomène ; puis, du *Pouyer-Quertier*, on a vu partir
du sommet du volcan un éclair fulgurant produit par
un mélange détonant qui a tué toute la population.

Après un nuage de fumée et de boue, s'est élevée
du cratère une gerbe de matière en fusion en forme
d'éventail, qui s'est abattue sur la ville.

Quand nous sommes passés à Saint-Pierre, le soir,
la ville était en feu. Nous avons recueilli les survivants des navires coulés, mais nous n'avons pas trouvé
un être vivant à Saint-Pierre.

L'un des nôtres a débarqué ; il a vu peu de
cadavres, car ils étaient ensevelis sous les décombres,
sauf dans la rue Victor-Hugo, où des morts affreusement déchiquetés offraient l'épouvantable spectacle de
crânes et de ventres éclatés.

Au Carbet, quelques survivants, à notre approche, agitèrent des mouchoirs. Décrire leur joie délirante quand nous les avons pris à bord est impossible. Les pauvres gens ! Que d'épouvante dans les yeux !

Les uns sont devenus fous, les autres sont morts.

Ce qui donne une idée de la rapidité du désastre, c'est la perte de la *Roraïma*, paquebot de la Royale Québec Company, qui appareillait à 8 heures du matin ayant son ancre à pic, et dont l'arrière flambait dix minutes après, ainsi que me l'ont raconté des marins de ce navire que nous avons recueillis, et dont beaucoup n'ont pas survécu à leurs atroces brûlures.

Un autre témoin, M. Molinar, donne la relation suivante du cataclysme :

Le 7, vers 10 heures du soir, comme la montagne grondait épouvantablement, je me suis mis à la fenêtre et j'ai vu la lave de feu coulant dans la direction des Trois-Ponts.

Vite, tout le monde de s'enfuir, à pied, vers le Parnasse, propriété qui se trouve à 200 ou 300 mètres d'altitude, à 200 mètres plus haut que les Trois-Ponts.

Nous y sommes arrivés vers minuit.

En ce moment la montagne était en pleine éruption, lançait de la lave, de la fumée et des pierres enflammées.

Jeudi 8 mai, vers 6 heures du matin, la montagne s'était calmée complètement et nous admirions ses flocons de fumée et de vapeur se dirigeant vers la mer.

Vers 8 heures, sans que rien de particulier annonçât quelque chose de nouveau, la montagne *s'ouvrit de haut en bas et lança comme un immense éclair, un jet de flammes* dans la direction de Saint-Pierre.

Pendant un quart d'heure environ elle lança des flammes, successivement, toujours dans la direction de Saint-Pierre et de ses environs.

Nous qui regardions ce spectacle du Parnasse, nous n'étions pas dans la zone des flammes, grâce à un vent qui soufflait contre elles et nous a permis de nous sauver.

Après ces jets de flammes, la montagne s'était calmée complètement. Elle ne lançait plus ni flamme, ni fumée. Vers 11 heures, elle recommença à lancer de la fumée et de la lave. C'est alors que nous sommes partis pour la Trinité, où nous devions être à l'abri.

J'appris, depuis, que du côté de Macouba et de la Grand'Rivière il s'était formé des fissures vomissant de la lave enflammée. La population a dû évacuer par mer et gagner la Dominique, les chemins par terre étant rendus impossibles par les deux sortes de lave. Il y a la lave de boue, qui se coagule tout de suite, et une lave de feu, qui descend jusqu'à la mer.

Un négociant de Fort-de-France écrivait à sa maison de commerce, à Paris, quelques jours après la catastrophe :

Il est impossible de se reconnaître ; sur l'emplacement qui fut autrefois Saint-Pierre, tout est détruit, tout est rasé ; les rues n'existent plus ; seuls quelques pans de murs sont encore debout ; le feu a tout anéanti, non pas un feu ordinaire, mais *comme un brasier de gaz incandescents* qui ont dû développer, en brûlant, une chaleur inouïe. Et dire que le drame qui a supprimé 26 000 existences n'a duré que quelques minutes ! Ce qui démontre la soudaineté et la brièveté de la catastrophe c'est le récit que me faisait, il y a une heure à peine, un notable commerçant de Fort-de-France.

Le 8 mai, me disait-il, à 8 heures du matin, j'étais en communication téléphonique avec uu de mes amis de Saint-Pierre. Il me faisait la description des phé-

Fig. 10. — Avant.

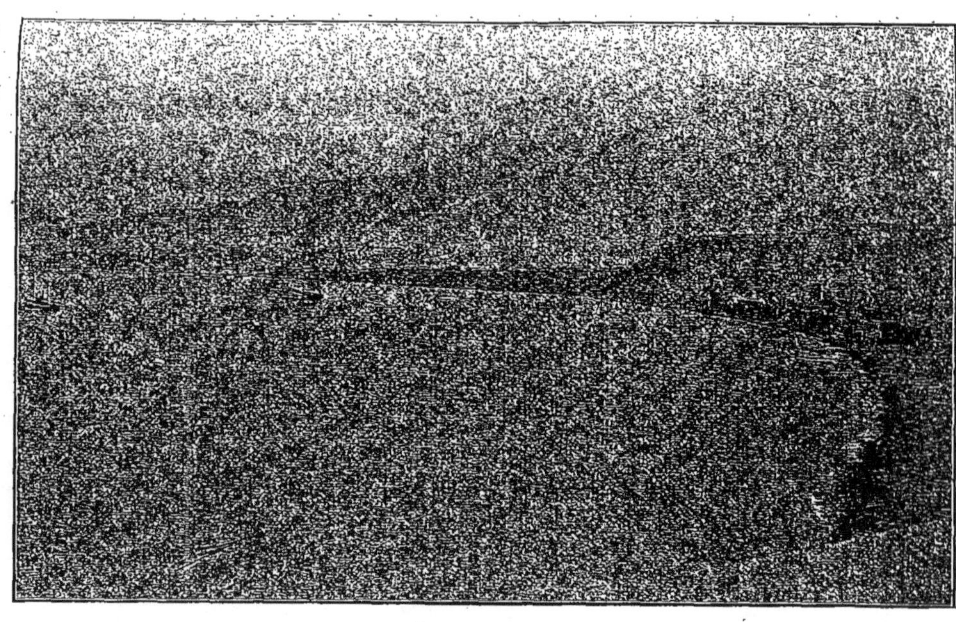

Fig. 11. — Après.

Photographies de Saint-Pierre de la Martinique prises exactement du même point, par M. Fabre, de Fort-de-France.

nomènes qui se passaient sur le sommet de la montagne Pelée; il me disait les craintes de la population et il ajoutait : « Si vraiment ces manifestations extraordinaires continuent, je me déciderai à gagner Fort-de-France avec toute ma famille ».

Au moment où il terminait cette phrase, j'entendis un cri épouvantable suivi d'un autre cri moins fort, comme un râle étouffé; puis le silence. J'appelai plusieurs fois; personne ne répondit. C'était l'instant suprême de la catastrophe. Mon ami avait été asphyxié subitement par la trombe de gaz brûlants qui s'étaient échappés du volcan. Ce ne fut guère que vers 3 heures que j'eus l'explication.

Cette simple perception au téléphone n'est-elle pas d'une dramatique éloquence ?

On a pensé d'abord qu'il ne restait *aucun* survivant à Saint-Pierre. Il y en a eu *quelques-uns*.

Un correspondant du *Temps* a interrogé l'un d'eux, au commencement de Juin, à l'hospice civil qui se trouve à deux ou trois kilomètres de Fort-de-France, dans un site délicieux. C'est un nommé Léon Compère-Léandre, cordonnier à Saint-Pierre, nègre de trente-huit ans environ, puissamment bâti, à l'aspect vigoureux et robuste. Voici le récit de ce témoin spécial, presque unique :

Le 8 mai, vers 8 heures du matin, j'étais assis sur le seuil de mon habitation qui se trouvait dans le sud-est de la ville, sur le chemin de la Trace (c'est la route de Saint-Pierre à Fort-de-France qui aboutit presque au cœur de la ville, à la rue du Petit-Versailles). Tout à coup j'entendis souffler un vent terrible, la terre se mit à trembler, le ciel s'obscurcit subitement. J'ai voulu rentrer chez moi, je fis, avec la plus grande difficulté, les trois ou quatre pas qui me séparaient de ma chambre ; je sentais brûler mes bras et mes jambes, ainsi que la figure. Je me laissai tomber sous une table ; à ce moment, quatre personnes vinrent se réfugier dans ma chambre, criant et hurlant de douleur, sans que cependant leurs vêtements révélassent l'atteinte des flammes. Au bout de dix minutes, l'une, la petite Delavaud, âgée de dix ans environ, tomba morte ; les autres sortirent. Je me relevai alors et entrai dans une chambre où je trouvai le père Delavaud étendu mort tout habillé sur le lit ; il était violet et enflé, mais ses vêtements étaient intacts. Je voulus sortir ; dans la cour, je heurtai deux cadavres enlacés :

c'étaient les deux jeunes gens qui étaient dans ma
chambre peu avant. Je rentrai dans la maison ; dans
une pièce je trouvai deux cadavres, deux bonnes qui
se trouvaient dans le jardin lorsque j'étais rentré chez
moi au début de la catastrophe. Affolé, anéanti, je
me laissai tomber sur mon lit, inerte, attendant la
mort. Je ne revins à moi qu'au bout d'une heure en
voyant flamber la toiture. J'ai eu alors la force de me
sauver et courant, les pieds en sang, couvert de brûlures, j'atteignis le Fond-Saint-Denis, à 6 kilomètres
de Saint-Pierre. Vers onze heures du matin, j'étais
sauvé. Je puis affirmer que, sauf les personnes dont
j'ai parlé, je n'ai entendu crier personne, je n'ai pas
senti de suffocation, ni que l'air me manquât ; mais
il était *brûlant*. Il n'y avait ni cendre ni boue. Toute
la ville flambait.

M. Amédée Knight, sénateur de la Martinique,
était à l'Est de l'île, au Lorrain, dans la matinée
du 8, à l'heure de la catastrophe. Il en a fait au
Figaro un récit dont nous détachons les points
les plus caractéristiques :

J'ai entendu un grondement effroyable, ininterrompu, et coupé de telles détonations que je crus que

ce bruit était celui de l'artillerie d'un bâtiment qui saluait, en passant, Fort-de-France. En même temps que ce grondement de tonnerre incessant et ce vacarme de coups de canon, nous voyions monter au ciel, du côté de la montagne Pelée, une gerbe immense de fumée noire, tandis que l'horizon se coupait de lueurs affreuses. C'était comme des bandes de lumière qui l'illuminaient à chaque instant, et desquelles se détachaient, sur plusieurs points à la fois, des éclairs *en forme de double Z*. Nous fûmes plusieurs à remarquer cet aspect très particulier du phénomène.

Ma première pensée fut que les pauvres gens du Prêcheur étaient perdus. Le village du Prêcheur est situé au nord de Saint-Pierre, sous la montagne, et je leur avais rendu visite deux fois, le 29 avril — au cours d'une de mes excursions quotidiennes autour de l'île — et le 4 mai. Le gouverneur Mouttet m'avait accompagné auprès d'eux ce jour-là. A ce moment déjà une couche de cendres de trente centimètres d'épaisseur couvrait le pays. Les vêtements et les visages, sous cette pluie, étaient tout blancs. Nous avions trouvé ces braves gens pleins de courage. Du haut de la montagne, que depuis plusieurs jours les pluies de cendres et de cailloux rendaient inhabitable, deux mille noirs étaient descendus, abandonnant leurs

propriétés détruites, leurs troupeaux en débandade...
mais leur calme était admirable. Ils ne se plaignaient
que de manquer de vivres.

« Envoyez-nous du riz et des haricots, disaient-ils,
et nous attendrons. »

Je crus que c'étaient eux que le cyclone avait frap
pés, et j'allais courir aux nouvelles, quand des gens
affolés, fuyant sur la route, nous apprirent qu'au Nord,
à la Basse-Pointe, des maisons venaient d'être emportées. Jusqu'où s'étendait le désastre? On ne savait
pas. Je rentrai à Fort-de-France en toute hâte, et
j'appris là que Saint-Pierre n'était plus. Mon père
et la plus grande partie de ma famille y résidaient...

Je suis allé à Saint-Pierre le lendemain.

Sur la plage, un chantier de bois de construction
achevait de brûler. Nous avons mis une pirogue à la
mer, et nous avons accosté directement au rivage, à
côté d'un cadavre calciné. Je le vois encore, la face
tournée contre terre, son chapeau tombé à côté de
lui...

Ce que c'était que Saint-Pierre à ce moment-là, je
vais vous l'expliquer par un simple petit fait qui est
plus éloquent que les plus dramatiques descriptions.

Le jour même du désastre, un voilier de Bordeaux,
la *Marie-Hélène*, arrivait devant la ville. Le capitaine —
un vieux marin qui a fait le voyage de la Marti-

nique toute sa vie — était sur le pont. Il regarde. Il
ne comprend pas. Et tout d'un coup une peur folle
le saisit. Il appelle un de ses matelots, lui montre la
plage, demande : « Qu'est-ce que tu vois là? »

L'homme regarde, épouvanté lui-même, ne sait que
dire : « Je ne vois rien, capitaine... » Et où ce brave
garçon, en effet, eût-il pu trouver des mots pour définir la chose qui était devant lui? Le capitaine répète :
« Mais si, voyons... dis-moi ce que tu vois... ce qui
est là... — Je ne sais pas, capitaine. » Alors, le pauvre
homme se prend la tête des deux mains, et on l'entend crier : « Tonnerre de Dieu ! je suis devenu
fou!!! »

Voilà ce que c'était que Saint-Pierre : un spectacle
tellement inouï, d'une horreur si invraisemblable, si
éloignée de tout ce qu'un cerveau humain peut prévoir ou imaginer, que des hommes qui l'ont eu brusquement sous les yeux — avant de rien savoir — ont
pu croire, en regardant ces choses, qu'ils étaient
devenus fous.

Dans ces quartiers, pas même des ruines ! Imaginez
cette chose folle : un marteau-pilon qui, couvrant une
surface de vingt-cinq kilomètres carrés, et assez fort
pour *briser une ville*, s'y serait abattu et y aurait
brisé, aplati, pulvérisé les choses à ce point de per-
fection que la trace même en serait supprimée.

Je ne veux vous citer qu'un exemple de ce que fu. cette destruction.

Après le cyclone de 1891, on décida de reconstruire le marché de Saint-Pierre, et on voulut le bâtir assez solide pour défier les pires aventures. On le bâtit *tout en fonte*, avec des piliers de plus de 30 centi- mètres d'épaisseur. Ce marché n'existe plus. Et non seulement il nous a été impossible de trouver la plus vague trace de cette construction de fer sur la surface de 2 000 mètres carrés qu'elle couvrait, mais *nulle part aucun vestige n'en a pu être aperçu*. Nous avons regardé, cherché, à deux, trois, quatre kilomètres de là. Rien !

La cendre qui pleuvait sur nous était presque blanche, et les hauteurs qui dominent l'emplacement vide de Saint-Pierre donnaient l'impression, en effet, d'un décor de *neige sale*, striée de longs traits noirs. Ces traits noirs sont formés par les ruisseaux de boue chaude que laissèrent échapper, au-dessous du cratère, les fissures des contre-forts où il s'appuie. On voyait, après l'éruption, cette boue couler en rigoles fumantes, puis brusquement s'arrêter, laissant sur l'immense lit de cendres sa marque noire. Tout cela est d'une hor- reur qui ne ressemble à rien...

Hors de la ville, 25 kilomètres carrés de bois et de plantations ont été rasés, rasés et balayés comme le fut, un peu plus bas, le marché de Saint-Pierre. Il y avait des arbres énormes sur cette étendue de terre. Ils n'ont pas été seulement brisés par le coup de vent qui suivit l'éruption volcanique ; ils ont été emportés, *dispersés comme des fétus de paille,* on ne sait où. La place où ils s'élevaient n'est plus qu'une nappe de cendres.

M. Knight se rend au Prêcheur le lendemain de la catastrophe. Les pauvres noirs ont vu passer la trombe de feu, et sont tout étonnés de vivre encore. M. Knight leur propose de partir. Le vieux maire, noir de 68 ans, répond, avec un bon sourire résigné : « Pour aller où?...» Il ajoute qu'on peut tenir encore, qu'il leur reste un peu de riz, et qu'à une lieue de là il y a une source d'eau potable. « Envoyez-nous de quoi ne pas mourir de faim, » dit-il.

Neuf jours s'écoulent. Le 18, une pluie de roches et de feu s'abat sur le Prêcheur. M. Knight y court. Le vieux maire vient à lui, en pleurant :

« Nous avons, monsieur le sénateur, enterré cette nuit 400 morts. Je vois bien qu'il faut nous en aller. »

M. Knight leur dit qu'il ne peut emmener sur son petit bateau que 200 personnes, pour commencer. Et sans une impatience, sans une plainte, on désigne ceux qui partiront les premiers : les malades, les blessés, les petits enfants. Heureusement le *Suchet* s'est approché ; puis le vapeur *Pouyer-Quertier*, qui passait au loin, et à qui le sénateur fait les signaux de réquisition. Et sur ces trois bateaux, 1 200 personnes sont embarquées : toutes les femmes, tous les enfants du village. *Pas un homme.* Les seuls qu'on voie autour des bateaux qui vont partir sont les noirs qui, pendant les cinq heures que dure l'embarquement, y amènent sur leurs frêles pirogues les femmes et les enfants : il y a onze pirogues sur la mer et une quarantaine de noirs pour les diriger. Leur besogne est finie ; et maintenant les pirogues vides dansent sur la mer démontée, le long des bâtiments où leurs femmes et leurs enfants viennent d'être recueillis. Le commandant Le Bris dit à M. Knight :

« Ils vont nous demander de les emmener. »

Ils ne demandent rien. Et au moment où les bateaux se mettent en marche, du fond de leurs petites barques, ils soulèvent leurs chapeaux respectueusement et l'un d'eux crie :

« A demain, monsieur le sénateur, si nous ne sommes pas morts ! »

Et ils regagnent le rivage maudit, où les attendent leurs camarades, — « les hommes ».

Ils étaient 3 000. On venait les chercher le lendemain. Et quand le *Suchet*, le *Valkyrien* et le *Pouyer-*

Quertier eurent embarqué les pauvres noirs, on vit une pirogue arrêtée au rivage devant deux vieillards qui s'invitaient l'un l'autre à y monter.

— Passez, monsieur le maire, disait le curé.

— Non, monsieur le curé; mon devoir est de partir d'ici le dernier.

Et ce fut sur la dernière pirogue que s'embarqua tranquillement, au seuil de son village en ruines, M. Grelet, maire du Prêcheur.

15.

V

Saint-Pierre après sa destruction.

Lorsqu'on put pénétrer dans Saint-Pierre détruite, un affreux spectacle s'offrit aux premiers débarqués.

L'un d'eux fait de ce qu'il a vu ce lamentable tableau :

Des spectacles déchirants s'offrent à notre vue. Ici, c'est une femme prosternée, les deux mains sur la tête dans l'attitude de l'imploration ; là, c'est un groupe de cinq personnes qui causaient probablement dans la rue lorsqu'elles furent surprises par la mort brutale et inattendue ; l'une d'elles a la tête en bas et les pieds arcs-boutés contre les autres. Dans une maison, on s'approche d'un cadavre qui a conservé son aspect

Fig. 12. — Le bord de la mer à Saint-Pierre : ce que l'éruption a fait des arbres.
(Photographie de M. Poyer, à la Barbade.)

naturel; mais à peine y a-t-on touché, que la peau se détache du corps. Dans une autre habitation, à la rue Victor-Hugo, un homme est assis à son bureau; une jeune femme, probablement sa fille, s'appuie sur son épaule, les bras autour de son cou, tandis qu'un jeune homme, à ses genoux, semble lui demander protection. Sur un balcon, un homme a la main droite sur le ventre et se ploie en deux. Un douanier est retrouvé intact, asphyxié sous un canot qu'il avait retourné, espérant y trouver un asile contre la mort implacable. Et partout ce sont les mêmes scènes de suprême douleur, d'épouvante et d'horreur. Les groupes sont nombreux. Il semble qu'on ait voulu se réunir pour se sentir plus forts devant l'événement dernier, pour mourir comme on avait vécu, dans une communion intime des âmes. Les membres d'une même famille, étroitement enlacés, paraissent ainsi accepter avec plus de courage la mort en commun, le passage en compagnie dans l'éternité pleine de mystérieux effroi.

Mais il faut accomplir la funèbre besogne et faire disparaître les cadavres.

Les équipes travaillent courageusement. Les ouvriers, un mouchoir imbibé d'acide phénique sur le nez et la bouche, placent sur les morts quelque menu bois et versent du pétrole. Une allumette est enflam-

Fig. 13. — Dans les ruines de Saint-Pierre : un cadavre sur la place Bertin.
(Photographie prise le 10 mai par M. Cunge, photographe à Fort-de-France.)

mée, puis le bois, et l'incinération commence. Les cadavres sont brûlés à la place où on les trouve, isolément ou en groupes, selon les cas.

Voici une lettre écrite à sa sœur par un officier d'infanterie coloniale. Cet officier a vu la catastrophe du camp de Balata et il a, plus tard, pénétré à Saint-Pierre pour retirer l'encaisse de la Banque. Le tableau qu'il fait de la ville est poignant :

Fort-de-France, 12 mai 1902.

Le nord de la Martinique n'est plus qu'un amas de ruines. La ville de Saint-Pierre, si gaie, si riante il y a huit jours, n'offre plus aux regards consternés que le plus horrible des spectacles. Trente à trente-cinq mille cadavres y dorment leur dernier sommeil. Hier j'y suis allé. Il s'agissait de sauver ce qui pouvait rester d'argent dans les caveaux de la Banque, puisqu'il n'y a plus une âme vivante... De ma vie je n'oublierai ce que j'ai vu.

La ville n'est plus qu'une ruine fumant encore. Les murs des maisons seuls subsistent, crevassés, lézardés, s'effondrant à tout moment. Tout ce qui est bois a disparu. Sous les décombres les habitants sont enfouis.

Il se dégage des ruines une odeur atroce. Après le sinistre, la peste nous menace. Mille et mille versions circulent. Ici la population affolée est dans une continuelle épouvante, on se croirait en l'an mille.

La nuit du 7 au 8 fut effrayante, le volcan fit rage : grondements, éclairs, poussées de flammes se succédèrent sans interruption. L'île entière ne dormit pas. Le 8, au matin, le volcan était surmonté d'un panache de fumée atteignant une hauteur colossale. Nous autres (infanterie de marine), à Balata, à 12 kilomètres à vol d'oiseau, nous vîmes non sans étonnement cette effrayante colonne. A 7 h. 30 les grondements recommençaient, une pluie de cendres tombait sans interruption ; puis nous fûmes plongés en pleine obscurité, sous une pluie crépitante de pierres et de graviers brûlants.

Pendant ce temps Saint-Pierre brûlait. A 7 h. 30 une secousse terrible ébranlait la terre, les maisons tremblaient, les habitants effrayés sortaient de toutes parts, couraient vers la plage, puis un nuage s'abattit sur la ville. Une détonation éclata, l'air s'enflamma, nul témoin ne survit à la catastrophe. Un navire américain qui était sur rade prit feu, rôtissant dans ses cloisons de fer son équipage et ses passagers. Le *Suchet*, six heures après, recueillit quelques malheureux atrocement brûlés qui s'étaient accrochés à des épaves. Ils n'ont rien pu dire. Pour moi, je pense qu'une poussée de flammes du volcan aura allumé la masse d'air ambiant, cet air étant surchargé de poussières volcaniques, poussières sulfureuses et phosphores-centes.

J'ai vu la guerre, j'ai vu les massacres de Crète : ce n'était que grains de sable à côté du sinistre actuel.

Je n'ose te donner les détails. Tout ce que tu ima-gineras de plus horrible est au-dessous de la réalité. Tout ce que je chercherais de mots serait impuissant. J'ai vu, et mes yeux se sont révoltés d'horreur. Avec vingt de mes marsouins, vingt artilleurs, sous les ordres d'un capitaine d'artillerie, nous fûmes envoyés le 10 pour opérer le sauvetage des valeurs de la Banque.

A 1 heure nous débarquions. Il fallut, je t'assure, des caractères d'hommes pour se lancer à travers la ville. Je n'ai vu qu'une rue, celle qui conduisait à la Banque. C'était un lit de cadavres atrocement mutilés, carbonisés, horribles !

Tout ce qui était bois a disparu. Les coffres-forts de *la Banque qui n'étaient pas enfermés dans les caveaux* étaient tordus, éventrés, leur contenu fondu. Au milieu d'une température de 40 à 60 degrés, les pieds dans des cendres brûlantes parmi des murs croulants,

Fig. 14. — Ruines du 8 mai au quartier de l'Hôpital. L'horloge arrêtée à 7 h. 50.

dans une atmosphère infecte, ayant sous les yeux un spectacle d'atrocité indescriptible, cinquante hommes se sont conduits comme des héros.

Les caveaux, surchauffés à blanc, étaient d'une température sénégalienne. J'y suis resté quatre heures sans sortir, n'osant même pas humer un peu d'air dehors, de crainte d'une congestion. 7 à 8 millions me sont passés par les mains. Je lançais à mes marsouins sacs d'argent ou d'or et billets de banque; d'autres les transportaient à la plage.

Un soldat d'infanterie de marine, campé au même endroit, à Balata, au nord de Fort-de-France, transmet de poignants détails. Le signataire de cette lettre faisait partie du détachement de secours. Il arrive au Prêcheur :

Au moment où le croiseur jette l'ancre, nous entendons des cris d'angoisse, des plaintes, des gémissements. De nos chaloupes, où nous sommes redescendus, nous apercevons une multitude effarée. Nos chaloupes ne peuvent accoster jusqu'à terre; nous sautons à la mer, de l'eau jusque sous les bras, et, comme si nous montions à l'assaut, nous nous précipitons dans le bourg en feu. L'élan est superbe, je t'assure.

La première victime que j'aperçois est une jeune fille blanche de quinze à seize ans ; elle a un bras brûlé, carbonisé ; elle crie. Je vais l'emporter, mais on dirait que le volcan ne veut pas qu'on lui reprenne ses victimes, car une pluie de cendres et de pierres nous voile entièrement. On ne se voit plus ; notre course est arrêtée net ; le soufre nous prend à la gorge. Eh bien, non ! nous les aurons, car le nuage se dissipe. J'enjambe des cadavres ; il y en a de tous côtés, et j'arrive jusqu'à la jeune fille que j'enlève dans mes bras, sanglotante ; je la porte au rivage et la fais passer aux matelots restés dans les chaloupes.

Le voici au Carbet :

Là, encore, rien n'a été épargné, sauf les habitations, qui sont debout, intactes, mais barbouillées de boue et de cendres. Un silence inquiétant, silence de mort, qui vous étreint le cœur. Dans cette vallée naguère si riante, pas un souffle de vie. Les arbres sont dépouillés de tout feuillage ; il semble que le sol se soit couvert d'un linceul blanchâtre.

Nous voici à la première habitation. Quelle horreur ! Nous en sortons 17 cadavres. Nous faisons des bûchers énormes de ces corps inertes, terriblement rigides, qu'on arrose de pétrole, et l'on y met le feu. C'est l'ordre.

Ce n'est rien encore. Il y a un sentier que l'on dirait le chemin du martyre, car des centaines de cadavres y sont entassés : au moins sept cents. Dans une maison, nous trouvons deux jeunes femmes dans leur lit; la mort les aura surprises dans leur sommeil.

J'avise une case, j'y vais seul ; les portes sont fermées à clé ; les persiennes sont closes. D'un coup d'épaule, j'enfonce une porte ; je suis dans un salon richement meublé. Sur la table, un livre ouvert. Je crois un instant que la maison a été évacuée. Eh bien, non ! J'essaye de pénétrer dans la pièce voisine, je sens une résistance, je pousse vigoureusement. Horreur ! Dans la pièce, contre la porte, gisent neuf cadavres étendus dans des poses effrayantes. Leur tête à tous *a éclaté*. Dans une chaise est assis encore un vieillard, qui, lui, me regarde d'un regard atroce ; il a *le ventre ouvert*, les intestins qui pendent. C'est affreux.

Je quitte la maison, car je suis suffoqué par l'odeur cadavérique. Et partout encore nous trouvons des cadavres d'enfants, d'animaux, chiens, bœufs, cochons. Des cadavres et toujours des cadavres !

L'ancien directeur d'une usine à sucre, écrit à l'un de ses amis de Marseille :

C'est toute la ville, c'est tout ce que vous aviez

d'amis et de connaissances qui ont été emportés ensemble dans une catastrophe épouvantable par un *torrent de gaz à une température dont on ne se fait pas l'idée,* lancé vers le Carbet avec la vitesse d'un boulet de canon. Peut-être le grisou, car il semble qu'il y ait eu explosion ; peut-être simplement des carbures d'hydrogène, du chlorate de potasse ou du picrate de potasse. C'est quelque chose d'épouvantable.

Les victimes semblent avoir été frappées comme par la foudre. Sur un rouf de navire, un nègre dort si près du bord que s'il avait fait un mouvement provenant d'une souffrance ou d'une commotion, il serait tombé. Une jeune fille, Mlle X..., au Petit-Réduit, est assise tranquillement dans un fauteuil. Ailleurs, une mère allaite son enfant. A l'église du Mouillage, des femmes agenouillées continuent à prier.

Le correspondant ajoute qu'on ne remarque aucune trace de sang dans les rues, mais que les ravines et le lit des rivières en ont reçu beaucoup.

Autre correspondant :

Tous ceux qui ont vu Saint-Pierre s'accordent à dire que c'est un désert brûlant : rien, rien debout;

dans quelques secondes tout a été nivelé, anéanti.

Cette destruction dépasse l'imagination de l'homme — on a regardé, on n'a pas vu, on n'a pas compris ; ceux qui regardaient ont été anéantis. On a cru voir la montagne s'ouvrir, lancer un torrent de flammes en éventail sur la ville. Un bruit terrible a étouffé les cris et les supplications des malheureux que le torrent lui-même a engloutis. J'ai entendu raconter cela par Fernand Clerc et les siens. Les Clerc étaient au Parnasse et Bourdon se rendait à Saint-Pierre; il était déjà arrivé à la Croix; à ce moment il a failli être brûlé et ne s'est sauvé qu'en s'accrochant à la queue d'un cheval qui passait au galop. Il a failli être asphyxié et a vomi du sang.

De nos côtés la route est pleine de gens migrateurs qui vont au hasard sur le grand chemin, hébétés, indécis, fatigués. Ils portent ce qu'ils ont pu sauver, enfants, paquets, paniers, volailles. Tout le Nord est dangereux et inhabitable...

R... et E... sont arrivés des ruines de Saint-Pierre (11 mai). Pas trace de lave à Saint-Pierre. D'après leur récit, la ville aurait été détruite, *foudroyée instantanément par un jet de flammes en eventail*. Tous les murs parallèles à la mer sont debout; les murs perpendiculaires sont tous renversés. La mort a été instantanée. Les cadavres ne sont même pas grima-

Fig. 15. — Dans le lit de la rivière Roxelane.
(Photographie de M. Poyer, à la Barbade.)

çants. Des gens qui dormaient sont morts sans le savoir. L'horloge de l'hôpital s'est arrêtée à 8 heures moins 10. On allait à la messe. Des couples sont tombés en se donnant le bras. Les cadavres sont noircis et nus, les cheveux et la barbe brûlés, méconnaissables...

D'après de nouveaux renseignements, voici comment Saint-Pierre aurait disparu : subitement une fissure s'est ouverte sur Saint-Pierre, vomissant une quantité considérable de *fumée blanche combustible qui devait être un carbure d'hydrogène* quelconque, vapeur de pétrole, de bitume, d'asphalte, etc., lequel, en contact avec l'air, s'enflamma en produisant de petites détonations. Alors eut lieu cette détonation générale, gigantesque, qui, sous une pression incalculable, broya les cervelles et fit rompre les cœurs. Les poumons et les entrailles furent brisés. Ce fut plus rapide que la foudre.

Au Petit-Réduit, les Bengelin ont été trouvés avec leur linge non brûlé. A la place Bertin, E... et R... ont vu un nègre couché sur une cabine échouée et qui avait encore son linge intact. Le docteur Gravier Sainte-Luce a été trouvé montant en voiture, le pied sur le marchepied. A la cathédrale, dans un confessionnal, un prêtre est carbonisé; deux enfants sont aux guichets de droite et de gauche. A la table de communion, dans la même église, un prêtre a la main levée comme tenant la sainte hostie. Ces tristes détails remplaceront auprès de vous la lecture de journaux de Saint-Pierre, à jamais disparus!

Un passager du *Canada*, le navire de la Compagnie transatlantique qui fait le service des îles, donne sur le point encore discuté de la coulée de lave des impressions intéressantes.

Le 9 mai, le *Canada* est en vue de Saint-Pierre.

Enfin, dit-il, nous distinguons une sorte de masse blanche, qui semble flotter. Toutes les jumelles sont braquées sur ce point. La tache est produite par la vapeur que dégage à son contact avec l'eau une coulée de lave qui aboutit à la mer. Bientôt sur d'autres points se montrent des taches semblables. Plus loin, un point rouge : c'est un navire qui achève de brûler, puis un second, un autre encore. A terre, nous distinguons aussi la rougeur de deux ou trois incendies. Maintenant une grande masse sombre ; nous finissons par reconnaître le mur, encore debout, mais ajouré par la flamme, de la face sud de la cathédrale.

Peu à peu l'horizon s'éclaircit. On distingue main-

tenant des masses blanches et unies ; ce sont les stra-
tifications de la lave refroidie, qui recouvrent les terres
à l'Ouest de la ville, au delà du ravin, et en deçà,
toute sa partie supérieure. Plus bas, vers la mer, les
ruines des maisons, quelques pans de murs encore
droits ; enfin, dans un périmètre qui s'étend jusqu'au
village du Carbet, les cultures et la brousse ont été
incendiées.

Le récit qui suit, daté de Fort-de-France le
12 mai, nous place en face de la réalité quelques
jours après la catastrophe :

Fort-de-France, 12 mai.

· L'accès de la ville de Saint-Pierre est plus facile
depuis avant-hier. Au mouillage il n'y a aucune trace
de feu ; *tout paraît avoir été haché comme par une
trombe.* La grille du bâtiment des douanes est restée
debout. Dans l'hôpital, les lits de fer sont tordus,
mais sans aucune trace de feu. Tous les tissus ont
disparu ; 2 000 cadavres environ ont été trouvés dans
les rues, *la plupart le visage tourné contre le sol;* les
quartiers du centre et le fort sont ensevelis sous plusieurs mètres de cendres. Vers l'anse, plusieurs maisons sont intactes, mais les cadavres des habitants
foudroyés gardent des attitudes diverses.

Dimanche matin, le 11 mai, l'île était encore cachée par un voile très épais de brume violette de couleur de plomb.

Il ne reste que 12 survivants à l'hôpital militaire de Fort-de-France, tandis que 30 000 cadavres jonchent le sol de Saint-Pierre. On a ramené ici 20 malheureux calcinés mourants : 16 d'entre eux sont morts et 4 seulement peuvent être sauvés.

La mer est encombrée d'énormes quantités d'épaves de navires, de débris de constructions, de gros arbres et aussi de cadavres. Au-dessus du port de Saint-Pierre planent et volent des mouettes ; des requins se battent en se disputant la proie espérée.

A Saint-Pierre, les ruines brûlent encore, l'atmosphère est imprégnée d'une odeur de chair brûlée, pas une maison intacte. Partout des amas de bois, de cendres brûlantes, de pierres volcaniques. Toute trace de rues a disparu. Ici et là, parmi les ruines, gisent des cadavres qui, presque tous, ont le visage tourné vers la terre. A certain endroit, 22 cadavres d'hommes, de femmes et d'enfants sont entassés près d'un mur, les bras et les jambes émergeant de la masse.

Au milieu de ce qui fut la place Bertin, coule un mince ruisseau : c'est tout ce qui reste de la rivière Goyave.

De grands arbres tordus par le feu sont renversés

de toutes parts avec les racines en l'air. Mais ce qui frappe le plus, c'est l'horrible puanteur qui se dégage des décombres.

Il résulte des renseignements approximatifs que le torrent volcanique contenait, outre des gaz en combustion, des gaz empoisonnés, car toutes *les victimes avaient les mains sur la bouche* comme pour empêcher la suffocation.

A tous ces documents si importants pour notre connaissance du phénomène physique auquel a été due cette effroyable destruction, nous en ajouterons encore quelques-uns, qui les complètent bien tragiquement.

M. Jean Hess, rédacteur au *Journal*, rapporte les observations suivantes de M. le docteur Lherminier, des troupes coloniales, qui a soigné les blessés recueillis sur rade de Saint-Pierre et au Carbet et ramenés le 8, le 9 et le 10 à l'hôpital de Fort-de-France.

Il y avait deux catégories de blessés. Les uns avaient des brûlures généralisées. Ce sont eux qui

Fig. 16. — L'église du Centre.
(Photographie prise par M. Cunge, photographe à Fort-de-France.)

guérirent. Les autres avaient des brûlures localisées à la face. Presque tous ces derniers étaient des marins qui, surpris par le phénomène, eurent, cependant, le temps de se précipiter dans les bas de leurs navires. Ils moururent presque tous dans les vingt-quatre heures. Ils avaient des brûlures internes. Ils avaient *respiré du feu*. Leur angoisse était extrême. Ils étaient pris au larynx, aux bronches. Ils voulaient de l'air, et l'air n'arrivait que péniblement à leurs poumons. Ils avaient dans la gorge des bruits rauques. Ils étouffaient. Et, cependant, ils buvaient. Ils demandaient toujours de l'eau... de l'eau... Ils brûlaient en dedans. Lorsque pour essayer de les soulager, on leur passait dans le nez, dans le larynx, des ampons d'ouate imbibés de glycérine, on ramenait des débris de muqueuses blanchies, cuites, toute la partie supérieure du canal respiratoire était couverte de phlyctènes.

Les malheureux eurent d'horribles agonies.

Pourquoi ceux qui avaient reçu des brûlures générales étaient-ils moins brûlés à l'intérieur?

On l'ignore. Les pieds, les jambes, les avant-bras, les mains, les parties découvertes étaient plus profondément brûlées. Une femme eut la gangrène au pied et mourut du tétanos. Tous ces blessés se couchaient en chien de fusil, les membres en flexion. Les brûlures étaient du deuxième degré. Le 30 mai elles étaient guéries.

Ces blessés avaient été recueillis aux limites de la zone d'action du volcan. Tout ce qui était dans cette zone mourut sur le coup, par asphyxie : le feu ne vint qu'après.

— L'état des cadavres ?

— Brûlés. Noirs. Mais ceux qu'on vit aux limites de la zone d'action étaient intacts. Les victimes étaient mortes asphyxiées. Les cadavres du quartier du Mouillage étaient en partie carbonisés, méconnaissables. A moins d'étudier attentivement la forme des crânes, on ne pouvait voir s'ils étaient de blancs ou de noirs. Cette action du feu qui détruisit profondément certaines parties est excessivement curieuse, car, en d'autres régions, il y avait simplement du noircissement. Ainsi les sexes étaient respectés. Il y avait de la rigidité chez certains cadavres d'hommes. Mais pas chez tous. C'était plutôt l'exception. Beaucoup de femmes, celles que l'on devinait jeunes, avaient les seins intacts.

Tous les cadavres étaient nus. Scalpés, épilés, chez beaucoup l'abdomen avait éclaté. Et les intestins saillaient, non brûlés. Ils avaient couleur violacée, lie de vin.

Il n'y avait plus trace de vêtements. A quelques

Fig. 17. — La rue Lucy, à Saint-Pierre.
(Photographie prise le 10 mai par M. Cunge, photographe à Fort-de-France.)

Fig. 18. — La place de la Cathédrale.
(Photographie prise le 10 mai par M. Cunge, photographe à Fort-de-France.)

cadavres, les souliers restaient; sur un corps de jeune
fille, les pieds, noircis par le feu, sans bas, étaient
encore chaussés d'escarpins dont le vernis avait sim
plement craquelé.

Les différences de brûlures peuvent s'expliquer par
l'action de l'explosion brûlante, du feu, sur les muscles.
Sous cette action, les plus forts se sont contractés, ont
mis les membres en flexion; les plus faibles ont été
forcés à l'extension, et les plus exposés ont brûlé plus
que les autres. Ce mécanisme explique la situation des
corps à peu près tous observés les membres fléchis, le
buste en extension, la tête en arrière, le cou sortant.

Ce fléchissement dans le feu a fait saillir les genoux,
les poignets... On voyait des avant-bras dont les os
pointaient, crevant les poignets des mains fléchies.

La mort de tous fut instantanée. Des corps étaient
figés, fixés dans les attitudes des actes accomplis au
moment de la sidération ou de l'asphyxie générale.
Sur le seuil d'une maison, il y avait un cadavre de
femme qui serrait dans ses bras un petit cadavre d'enfant; la trombe de destruction, le torrent de feu, l'explosion du cataclysme avait dénudé, brûlé ces deux
corps, en avait arraché les vêtements et les cheveux...
mais elle n'en avait point desserré l'étreinte... et dans
la mort cette pauvre mère tenait toujours son enfant,
bouche contre bouche... Le cadavre d'un homme tué

debout restait dans l'attitude de la marche, une jambe en l'air, debout. Un mur l'avait arrêté dans sa chute. Il était les bras en avant. Une main tenait un bidon de fer. Il avait été asphyxié, sidéré, carbonisé debout.

Une singularité à noter, et de nature à exercer la sagacité de ceux qui travaillent dans l'invraisemblable. A la maison Caminave, des barres de fonte d'un diamètre d'un centimètre et demi avaient fondu. Cela suppose une température d'au moins 1800 degrés. Or, tout à côté, il y avait des cadavres carbonisés très superficiellement.

Expliquez cela...

Et où. Au quartier du fort où l'explosion fut particulièrement violente puisque tout ce qui était sur la colline fut nettoyé, rasé, emporté par le vent, on n'a retrouvé aucun corps, même sur le flanc de la colline où demeuraient quelques pans de mur. Dans cette destruction qui semblait avoir tout volatilisé, à l'endroit où était la caserne de gendarmerie, il y avait quelques cadavres de chevaux roussis, noircis.

Voici une observation tout à fait caractéristique, absolument démonstrative, et qui prouve la mort instantanée par asphyxie ou par sidération. M. Jean Hess la signale d'après M. Muller, administrateur colonial et ancien chef de cabinet de M. Mouttet.

M. Muller est allé des premiers à Saint-Pierre. Il a noté un fait des plus importants pour la reconstitution de la scène, de l'éclair tragique où Saint-Pierre, broyé, s'est écroulé sur ses habitants instantanément rayés du nombre des vivants.

C'est dans la rue de Longchamps, devant la maison qu'habitait le docteur Gravier Sainte-Luce. La rue était nette de décombres. Les maisons, peu élevées, s'étaient écroulées à l'intérieur. L'axe du courant destructeur était d'ailleurs parallèle à celui de la rue. Cette rue n'avait donc reçu que très peu de débris.

Devant la maison du docteur, il y avait son cheval, sa voiture, son domestique. Le cataclysme s'était produit à l'heure où le docteur commençait ses courses. L'équipage avait été surpris attendant. Et il était là, toujours à la même place. Le cheval, carbonisé, couché sur le ventre, ses jambes calcinées ne le soutenant plus. A ses côtés, en ordre naturel, les ferrures des brancards, des harnais. Derrière, en ordre aussi, la carcasse métallique de la voiture. Et, à côté, devant la maison, le cadavre du cocher, également carbonisé.

Voilà le fait. Il écarte toute explication de mort qui ne serait pas une mort instantanée, foudroyante. Il détruit la légende de la pluie de feu contre quoi les malheureux habitants de Saint-Pierre auraient essayé de s'abriter en fuyant vers la mer, en se blottissant dans des baignoires, dans des bassins, en se coulant sous des pirogues renversées... Plus que l'homme, l'animal, qui voit venir un phénomène, c'est-à-dire une « chose » à quoi il n'est pas habitué, qui entend des bruits épouvantables, qui sent tomber sur lui du feu, plus que l'homme, cet animal obéit à son instinct de conservation, et fuit... immédiatement, en animal, en brute, devant lui, sans voir aucun obstacle, sans réfléchir à rien, sans calculer s'il se brisera... Il fuit, aveugle, sourd, affolé. Et rien ne peut le retenir. Il fuit, il fuit...

Si du feu était tombé sur lui, le cheval du docteur aurait fui, aurait galopé, aurait bondi, aurait rué. Il serait allé mourir plus loin... Sa voiture eût été brisée, etc., etc. Mais rien de cela. Il est mort « en station », calme. Il a été tué sans souffrir.

Et tous les habitants de Saint-Pierre aussi. Que cette constatation, que cette preuve irréfutable soit une consolation à ceux qui les aimaient, à ceux qui les pleurent.

M. Rozé, pharmacien des troupes coloniales, avait été chargé, immédiatement après la catastrophe, de la direction sanitaire des missions de recherche et d'inhumation ou d'incinération des cadavres.

Il était, dès le 9, à Saint-Pierre, et le 11, au Carbet. Il a donc vu les corps des victimes de la catastrophe à des dates utiles pour faire de bonnes observations. En voici les plus typiques :

Tout d'abord, M. Rozé croit qu'un signe quelconque, soit la détonation dont parlent certains témoins, soit l'aspect d'une colonne éruptive ascensionnelle plus grosse, plus rouge, soit la vue de la trombe gazeuse qui, de certains quartiers, aurait été aperçue et dont l'arrivée faisait fracas sur la pente de la montagne et dans les vallées des deux rivières, M. Rozé croit qu'un avertissement provenant de la perception d'un de ces phénomènes, peut-être de tous, a déterminé une panique à Saint-Pierre.

Et il admet qu'il a pu s'écouler une demi-minute entre la sensation d'une catastrophe imminente, qui mit en mouvement de fuite un certain nombre d'habitants, et la brusque mort qui les frappa tous instantanément. Il cite des faits. Dans la rue de l'Hôpital, par exemple, tout le personnel d'un marchand de chevaux gisait, face à terre, de l'autre côté de la rue, devant la Banque coloniale.

A l'hôpital, un homme a été trouvé dans un bassin où il n'y avait plus d'eau. Quoiqu'il fût carbonisé, on le reconnut, c'était un infirmier nommé Alexandre. Cet infirmier était-il dans ce bassin parce qu'il avait voulu s'y mettre, dans l'eau, à l'abri des feux menaçants du volcan ? où bien tout simplement parce qu'il voulait y prendre un bain ?

Dans la rue Saint-Jean-de-Dieu, où habitaient beaucoup de femmes, il y avait des groupes de cadavres serrés les uns contre les autres comme le seraient les moutons effrayés d'un troupeau. Des groupes y étaient enlacés. Une panique de femmes immobilisées dans la mort. Ce quartier était celui des prostituées.

Un autre groupe vu par M. Rozé est... plus impressionnant. Deux corps, sur le seuil d'une maison. L'un tombé en avant, face contre terre ; entre ses jambes écartées, l'autre à genoux, le buste rejeté en arrière, la tête droite. Cette tête est scalpée, brûlée ; il n'y a plus d'yeux ; les lèvres sont informes, autour de quelque chose de noir qui est une langue en charbon... Et cependant, cela qui avait été un visage de femme, peut-être jolie, cela qui était devenu quelque chose d'indéfinissable et sans nom, cela figurait une expression d'épouvante horrible à voir.

M. Rozé n'a pas vu de cadavres ayant le ventre éclaté. Ils étaient tous scalpés, sans barbe, sans chaussures, et dépouillés de leurs vêtements. On les voyait complètement nus... tous... Quelle force et quel genre d'action du cataclysme peuvent produire instantanément ce résultat? La force fut inimaginable dans tout le quartier du Fort, qui recouvrait la colline située entre la rivière des Pères et la rivière Roxelane. La partie supérieure de cette colline a été rasée, nettoyée. Il n'y reste rien, pas un cadavre, pas un objet quelconque, et les maisons sont devenues de la poussière mélangée aux cendres.

Sur la plus grande partie des cadavres vus le 9 par le témoin, la carbonisation avait été assez avancée pour détruire les mains. Les avant-bras, c'étaient des moignons noirs d'où sortaient deux pointes plus claires, les extrémités du radius et du cubitus. Le 9, M. Rozé n'a pas vu de ventres éclatés avec les intestins saillants, rougeâtres, tuméfiés, boursouflés, comme l'on noté d'autres témoins. Cette observation concorde avec celle de M. Clerc, assurant que les cadavres n'avaient pas eu le ventre ouvert, sauf ceux qui avaient été projetés contre des obstacles et déchirés, ainsi que cela eut lieu place Bertin, dans les débris d'arbres.

On a supposé que c'est la formation de gaz putrides intestinaux qui a fait éclater les parois abdominales carbonisées, amincies, et ouvert les ventres vers le 11. Sous certains amas de décombres, les cadavres étaient peu brûlés.

La tension de certains tissus était remarquable sur plusieurs cadavres d'hommes, ainsi que celle des seins sur des cadavres de femmes.

En s'éloignant de la côte, on notait la décroissance d'intensité du phénomène. Des arbres étaient entiers, les feuilles à peine roussies. On rencontrait des cadavres encore vêtus et sans brûlures. Ils avaient la langue dehors et des taches de sang noir à côté d'eux. Dans une maison où se trouvaient quatre victimes, saisies par la mort dans leurs occupations du moment, et dont les attitudes ne marquaient aucune angoisse, il y avait quatre êtres vivants, chiens et chats. Une chienne était légèrement brûlée aux tétines. Elle regardait, les yeux atones. Elle ne bougeait pas. Quand on la prit, elle ne fit pas de mouvement, elle n'aboya point. Un petit chien japonais était intact. Egalement deux petits chats que les disciplinaires de corvée emportèrent et qui vivent maintenant à la caserne. Dans une autre maison, un vieillard était mort dans son fauteuil, à table devant un bol de café.

Ainsi, à la limite d'action du phénomène, les êtres

18

sont morts asphyxiés, non brûlés. Et morts instantanément, tout comme ceux qui ont été trouvés mutilés, broyés, brûlés, carbonisés dans les foyers d'action
maximum de la trombe asphyxiante et explosive.

M. Rozé croit que Saint-Pierre a été détruit par *un
torrent d'hydrocarbure* qui descendit de la montagne
avec une vitesse d'avalanche décuplée par la force de
projection du volcan, torrent qui asphyxia, fit explosion et brûla.

Quelle fut la cause de l'explosion ?... M. Rozé pense
à des étincelles électriques provenant du contact excessivement rapide entre les cendres, les vapeurs, les
gaz chauds et les nuages et l'air de l'atmosphère, à
une batterie d'effets successifs tellement rapprochés
que l'action complète en parut instantanée. Car ce qui
nous semble un éclair fulgurant dans le plus court
espace de temps que nous puissions apprécier, voire
imaginer, et que nous disons instantané, peut fort
bien être une suite d'éclairs se produisant les uns
après les autres et les uns par les autres. N'oublions
point qu'il n'y a pas de limite concevable à la division
du temps, pas plus qu'à celle de l'espace... que c'est
l'infini dans tous les sens.

Quelques personnes disent que les nuages du volcan sont des nuages de vapeur d'eau et que l'on ne
conçoit pas les hydrocarbures sortant du volcan. Il est

cependant facile d'expliquer la formation et d'hydrogène sulfuré et d'hydrocarbures. Ces gaz peuvent tout naturellement se former par l'action de l'hydrogène des vapeurs d'eau, pour le premier cas sur les soufres du volcan, pour le second sur le carbone du sol.

Ces flots de gaz chargés d'une électricité donnée, mis en contact avec les gaz de l'atmosphère chargés d'une électricité différente, peuvent produire une étincelle. Cette étincelle décompose les deux groupes de gaz. L'hydrogène des gaz volcaniques est mis en liberté. L'oxygène de l'air aussi. D'où, après l'asphyxie, l'explosion et l'incendie. En même temps, cette électrolyse double a produit une raréfaction gazeuse qui motive un violent appel d'air, expliquant certains phénomènes de trombe, d'arrachement, etc., lesquels phénomènes sont d'ailleurs aussi explicables par une explosion et par une électrocution

L'éruption du 8 mai a eu son contre-coup à Fort-de-France. La panique y fut grande. Un témoin écrit :

On devait fêter en cette journée la solennité de l'Ascension.

A Fort-de-France, vers 6 heures du matin, une

atmosphère pure, un ciel légèrement pâle, promettaient une journée relativement belle. Tout le monde était sur pied de bonne heure et vaquait aux préparatifs de l'Ascension. Subitement, vers 8 heures, le ciel se colora d'un noir d'encre ; puis ce fut une grêle de petites pierres qui s'abattit sur les maisons, produisant sur la tôle et les tuiles un grésillement de prime abord inexplicable. En même temps, une nuée de cendres impalpable enveloppa la ville et les environs, recouvrant tout d'un voile gris, une pluie fine vint bientôt la transformer en flocons boueux, souillant et maculant toutes choses, cependant que les grondements formidables du volcan augmentaient le trouble et l'effroi dans les âmes.

Aux premiers crépitements des pierres sur les toits, la population urbaine tout entière, saisie d'horreur et d'épouvante, ne sachant quel parti prendre, s'enfuit hors des maisons, cherchant un abri, n'importe lequel. Ce fut un exode inoubliable vers la campagne. Chacun emportait ce qu'il avait de plus précieux. Les femmes portant leurs enfants, les hommes soutenant leurs femmes, en d'indescriptibles théories, se dirigeaient vers l'intérieur des terres. Là, sur les hauteurs, on n'aurait pas du moins à craindre l'envahissement brusque des maisons par les eaux, la noyade finale sans perspective de fuite. On se trouverait encore à couvert d'un tremblement de terre, tous événements que l'on appréhendait par-dessus tout.

Ce fut, durant toute la matinée, une procession fantastique, sous la cendre aveuglante et salissante, de toute une population affolée, pareille à un troupeau de moutons surpris dans la vallée, dans la première tourmente d'une tempête effroyable.

Deux rapports importants seront à leur place ici. Nous les résumerons, ou plutôt nous en extrairons les descriptions principales pour nous, celles qui concernent l'explication scientifique du phénomène, omettant tout ce qui est d'ordre administratif.

1° Rapport de M. Lhuerre, gouverneur par intérim de la Martinique (*Extrait*).

Fort-de-France, 11 mai 1902.

La nuit du 7 au 8 se passa sans incident; des câblogrammes officiels venus de Saint-Pierre le 8 entre 6 et 8 heures du matin dépeignaient la situation comme stationnaire. C'est à ce moment que se place l'épouvantable cataclysme qui a anéanti la ville et la population de Saint-Pierre.

Vers 8 heures du matin, au moment où le vapeur de la Compagnie Girard allait quitter le chef-lieu pour se rendre à Saint-Pierre, une énorme poussée de nuages blanchâtres, roulant en volutes gigantesques, fut aperçue de Fort-de-France dans la direction de la montagne Pelée; au même instant, les lignes du câble et du téléphone reliant Saint-Pierre au chef-lieu furent rompues, le baromètre subit une baisse brusque et un raz-de-marée se fit sentir sur le rivage.

Les nuages obscurcirent en quelques instants tout le ciel; une pluie de pierres, dont quelques-unes du poids de 20 grammes, s'abattit sur Fort-de-France, suivie d'une pluie de cendres, qui dura jusque vers 11 heures. Le bateau *Girard*, qui avait quitté le chef-lieu à 8 h. 1/4, après le raz-de-marée, pour se rendre à Saint-Pierre, continua sa route jusqu'à la hauteur de Case-Pilote, qui est exactement à mi-route, et là, arrêté par les pierres et la cendre qui tombaient en quantité considérable, rebroussa chemin pour rentrer à Fort-de-France.

Il repartit vers 10 heures, après que la grosse émotion causée à Fort-de-France par la pluie de pierres se fut calmée et, après avoir dépassé la pointe du Carbet, aperçut la minoterie Blaisemont et l'habitation Anse-

Latouche en flammes. Quelques instants après, un spectacle terrifiant s'offrit aux yeux des passagers : au pied du volcan, entouré d'un nuage opaque de fumées et de cendres, *tout le littoral était en feu sur une étendue de près de 5 kilomètres;* les arbres et les maisons isolées de la campagne brûlaient également; une douzaine de bateaux sur rade de Saint-Pierre, dont deux steamers américains, flambaient, encore à l'ancre. Le littoral paraissait désert; sur la mer, rien ne surnageait que des épaves. La chaleur rayonnante dégagée par cet immense brasier empêcha le bateau d'avancer et il rentra à Fort-de-France à 1 heure de l'après-midi, rapportant la sinistre nouvelle.

N'ayant, depuis 8 heures du matin, aucune communication avec Saint-Pierre, et en prévision d'événements graves survenus sur ce point, j'avais dès 9 heures, demandé au commandant du *Suchet* de s'y rendre pour s'y tenir à la disposition de M. le gouverneur Mouttet. Le *Suchet* appareilla à midi et demi. Vers 3 heures, le commandant Le Bris put descendre sur la place Bertin, qui était couverte de cadavres. La chaleur qui se dégageait des ruines fumantes l'empêcha de poursuivre plus avant ses investigations; il recueillit sur la plage quelques blessés qui avaient survécu par miracle et se rendit au Carbet où il embarqua également des blessés qu'il ramena à Fort-de-France.

A 3 heures, j'envoyai à Saint-Pierre un vapeur, où s'embarqua le procureur de la République Lubin, avec mission de me renseigner sur la situation.

M. Lubin descendit à Saint-Pierre et se rendit compte comme le commandant du *Suchet*, que la population entière de la ville était anéantie. Il regagna ensuite le Carbet, où s'était massée toute la population des environs, parmi laquelle de nombreux blessés qui avaient pu échapper au désastre.

Un service de vapeurs fut organisé entre le Carbet et le chef-lieu pour transporter rapidement à Fort-de-France tous ces malheureux.

En ce qui concerne les circonstances exactes dans lesquelles s'est produite la catastrophe, il serait difficile de les préciser. Il résulte des témoignages recueillis tant auprès des rares survivants que des personnes ayant assisté de loin au cataclysme, que vers 8 heures du matin, à la suite sans doute d'une déchirure des flancs du volcan, une *trombe de feu* s'est abattue sur Saint-Pierre, causant la mort immédiate de toute la population, et incendiant simultanément toutes les maisons de la ville et tous les bateaux sur rade.

L'opinion de tous ceux qui ont déjà visité les lieux est que pas un des habitants qui se trouvaient à Saint-Pierre, à l'heure de la catastrophe, n'a pu échapper à la mort.

On évalue le nombre des victimes, rien que pour Saint-Pierre, à plus de 26 000. Mais il faut ajouter à ce nombre les habitants qui ont succombé dans les environs, de sorte que le chiffre total des victimes peut être évalué, sans exagération, à une trentaine de mille.

2° Rapport du Procureur de la République (*Extrait*).

Le Procureur de la République de Fort-de-France, M. Lubin, envoyé comme on vient de le voir, sur les lieux du sinistre, a adressé de son côté au Procureur général, à la date du 10 mai, un rapport dont voici les passages essentiels :

Je suis parti par le vapeur *Rubis*, à 2 h. 30 de l'après-midi, avec une compagnie de 30 hommes de troupe, commandée par le lieutenant Tessier... En outre l'abbé Parel, administrateur du diocèse, accompagné d'un de ses vicaires, avait pris passage à bord.

Après avoir passé Case-Pilote, nous constatons que la mer est jonchée d'épaves. Le *Rubis* doit ralentir sa marche pour éviter de briser son hélice. Nous remarquons quelques groupes de personnes.

Nous approchons du Carbet; à notre grand étonnement, il y a relativement peu de monde sur le rivage. Saint-Pierre est enveloppé dans un nuage de fumée, accompagné de flammes, surtout dans la partie Nord. dite le Fort.

Saint-Pierre et ses environs nous apparaissent comme un monceau de cendres et de ruines. La rade ne contient qu'une énorme quantité de morceaux de bois. Deux navires à vapeur, en fer, complètement démâtés, penchés sur la côte, les canots à moitié descendus dans les porte-manteaux, sont devenus la proie des flammes. Pas trace de la coque d'un navire à voile; pas un canot; nous rencontrons seulement trois ou quatre bateaux côtiers, dits pirogues, de la Basse-Pointe, la quille en l'air, chavirés; sur le rivage et dans la campagne environnante, pas un être vivant.

Une douzaine d'individus seulement se sont réfugiés sur des rochers situés entre Saint-Pierre et le Carbet; les chaloupes du *Suchet* vont les recueillir. Nous avons su que ces personnes appartenaient aux équipages des navires disparus.

Je demande au capitaine de s'approcher le plus près possible de Saint-Pierre et, faisant mettre un canot à la mer, nous nous dirigeons vers la ville même, le lieutenant, l'enseigne (l'enseigne de vaisseau Hébert, du *Suchet*) et moi. Nous débarquons un peu après la place du Mouillage ; la solitude est complète ; nous pénétrons jusqu'à la rue Bouillé.

A cet endroit, nous trouvons de place en place des cadavres, quelques-uns *gonflés par les gaz* et non carbonisés ; quant à ceux qui recouvrent l'emplacement des maisons, ils nous paraissent entièrement *carbonisés*.

Impossible de pénétrer dans l'intérieur et d'arriver à la rue centrale de la ville, la rue Victor-Hugo. Il faudrait, en effet, marcher sur un brasier ardent.

Nous reprenons le canot et débarquons à la place Berlin. Là également des cadavres gonflés par les gaz et non carbonisés. Les mains ne sont pas crispées ; la mort paraît avoir été rapide et exempte de souffrance. Sur cette place, une douzaine de cadavres dont un, celui d'une femme, a la cuisse traversée par une poutre.

Les quais n'existent plus, les troncs d'arbres non plus. Le phare de la place Berlin, haut de 20 mètres, est rasé à environ 3 mètres.

L'escalier intérieur en fer qui le dessert semble avoir été cassé. Les pierres qui restent ne sont pas calcinées, le fer de l'escalier n'a pas souffert du feu.

La grille de la fontaine de cette place est tordue, un tuyau déformé donne encore de l'eau.

Nous essayons de pénétrer dans la rue Lucy, mais la chaleur est tellement suffocante qu'il faut y renoncer, et nous regagnons le vapeur pour aller chercher les personnes réfugiées au Carbet. .

De notre passage dans cette ville en ruines, je conclus d'abord que le phénomène qui l'a anéantie s'est produit avec une soudaineté et une intensité telles que personne n'a pu se sauver; des navires en rade, qui étaient sous pression, notamment les deux cargo-boats et le *Diamant*, de la Compagnie Girard, qui venait d'arriver de Fort-de-France, n'ont pu l'éviter et ont sombré ou brûlé. L'absence d'agglomération de cadavres dans les rues Bouillé et la place Bertin, rue et place entourées de maisons extrêmement habitées, l'aspect même des cadavres non carbonisés prouvent manifestement qu'aucune panique n'a précédé l'anéantissement; s'il en avait été autrement, la population se serait précipitée tout entière dans les rues. Chacun est mort là où il a été surpris par le cataclysme.

Nous arrivons au Carbet; la vue du bateau avait attiré sur le rivage environ 400 personnes, parmi lesquelles une vingtaine de blessés. Je m'informe; aucune de ces personnes ne vient de Saint-Pierre; toutes sont du Carbet.

Cette commune n'a pas été incendiée, mais on dirait qu'une trombe l'a saccagée en plusieurs endroits. Quelques portes de maisons, quelques toitures sont arrachées. Un manège de chevaux de bois est dispersé.

Toute la population, sur le rivage, demandait à partir, en poussant des cris; l'absence de nourriture venait encore redoubler l'affolement. L'embarquement de tous ces malheureux fut extrêmement pénible, en raison de l'état de la mer... Enfin il put s'achever dans la nuit et je revins à Fort-de-France avec 700 personnes, recueillies par les divers bateaux.

Un sieur Mauconduit me rendit compte ainsi du phénomène, tel qu'il l'avait observé : Il se trouvait sur une habitation des environs du Carbet, dominant Saint-Pierre, quand vers 8 heures du matin, son attention fut attirée par une immense *gerbe de flammes sortant du volcan*. Il ne crut pas devoir s'en inquiéter, mais, brusquement, il vit comme une *trombe de fumée* venir s'abattre sur Saint-Pierre et couvrir entièrement la ville. Un vent du sud très violent survint qui dissipa la fumée, et aussitôt les flammes jaillirent de tous côtés. Tout était embrasé à la fois : rade, ville et campagne environnante; tout cela n'avait duré que quelques minutes; il n'eut que le temps de fuir.

Je m'explique ainsi les phénomènes constatés par nous dans la ville même : cadavres de personnes paraissant être mortes sans souffrances, nombre restreint de cadavres dans les rues (il n'y a que ceux des passants), démolition du phare de la place Bertin qui n'a cependant pas été atteint par la flamme. La ville a dû être asphyxiée, la trombe ayant enlevé tout ce qu'il y avait d'air respirable. Peut-être aussi s'est-il produit qnelque mélange de gaz détonant, car nous avons entendu les détonations même à Fort-de-France.

Je suis revenu au chef-lieu avec la conviction, on peut dire la certitude, que pas un habitant de Saint-Pierre n'avait pu se sauver.

Or, la route du Carbet était la seule, à mon avis, qui pût faciliter la retraite. Toutes les autres, en effet, celle du Prêcheur, celle du morne Rouge, celle de la Trace, étaient coupées par les flammes.

J'estime que tous les habitants de la région située entre Sainte-Philomène, le Fonts-Coré, les Trois-Ponts, le morne Abel, le morne d'Orange et le quartier Monsieur inclusivement ont disparu.

A ces deux Rapports officiels, nous ajouterons encore ici la Note scientifique présentée à la séance du 7 juillet de l'Académie des Sciences

par M. de Lapparent, sous la signature de
M. Thierry, ancien directeur du Jardin botanique
de Saint-Pierre :

Le 8 mai, dès le matin, je me trouvais dans la
région du morne Rouge, à trois kilomètres environ du cratère, *à vol d'oiseau*. Rien ne gênait la
vue; l'air était profondément pur, à la suite d'un
orage épouvantable qui avait eu lieu pendant la
nuit.

La colonne de fumée du volcan se découpait nettement et c'était un spectacle merveilleux à voir, d'autant plus que ce matin-là la fumée n'avait pas son
aspect accoutumé.

Habituellement la fumée sortait sous la forme d'un
nuage plus ou moins gris, tandis que le matin du 8,
elle était tout à fait blanche, quoique épaisse et comme
argentée, avec des sillons couleur vieil argent qui faisaient ressortir davantage encore la blancheur et l'opa-
cité du nuage.

C'était un immense chou-fleur sortant du gouffre
et s'élevant dans l'air.

Cette sorte de fumée m'a, depuis, paru caractéristique des grosses éruptions. Je l'ai revue le 20 mai, du
Gros-Morne où je me trouvais, et, le 26 mai, du

morne Rouge, où j'étais revenu pour quelques instants ; or, le 20 et le 26, nous avons eu des éruptions
terribles.

En regardant la montagne, je vis d'abord, sur
la coulée de la rivière Blanche, toute une série de
colonnes de fumée allant du sommet de la montagne à la mer et qui paraissaient sortir d'autant
de petits cratères. Ces colonnes de fumée prove-
naient sans doute d'un écoulement de boue chaude
survenu pendant la nuit et qui aurait suivi la même
voie que celui qui précédemment avait englouti
l'usine Guérin.

On avait tellement raconté partout que la montagne
s'ouvrait de toutes parts et que de nouveaux cratères
se formaient en divers points, que ma première impression, en voyant cette série de colonnes de fumée,
fut que la vallée de la Rivière-Blanche n'était plus
qu'une suite de cratères.

Je comptai ces colonnes de fumée et j'en notai très
distinctement six, avant d'arriver au vrai cratère, sur
lequel je venais seulement de fixer les yeux pour
compter sept, lorsque je vis une gerbe de rochers sortir du cratère, projetés à une hauteur approximative
de 50 à 100 mètres au-dessus de la crête de la montagne et prendre, en retombant, la direction du bord
de la mer du côté de Saint-Pierre, enjambant la crête

de la colline qui sépare la vallée de la Rivière-Blanche de la vallée de Saint-Pierre.

En même temps un bruit formidable se fit entendre, et, sur les côtés de la gerbe ou de la fusée dont je ne pouvais plus voir le centre qu'emplissait une fumée épaisse, je vis encore d'énormes rochers qui, suivant toujours la même direction, filaient sur Saint-Pierre avec une vitesse énorme, laissant derrière eux une sorte de traînée qui se profilait en noir sur la blancheur extérieure du nuage.

Terrifié, je sortis dans la rue et j'allai ainsi pendant cent mètres environ, quand je vis, par un intervalle entre deux maisons et à une distance qui me parut fort rapprochée, un énorme nuage gris roux, descendant jusqu'à terre, qui s'avançait sur nous comme une muraille, et tellement sillonné d'éclairs que ces éclairs formaient comme un réseau ininterrompu à mailles serrées. Comme bien vous vous l'expliquez, ma curiosité céda à l'instinct de conservation, et je fis volte-face pour aller du côté de ma maison et rejoindre les miens.

En cours de route, après cent mètres de cette marche très accélérée, en passant devant la gendarmerie, je regardai le cratère ; il fumait toujours, comme à l'ordinaire, mais ne projetait plus rien. Immédiatement au-dessous du cratère la montagne s'éclaircissait.

Aussi j'estime que la projection de la trombe meurtrière n'a pas duré plus de deux à trois minutes, si même elle a duré ce temps-là, et non pas un quart d'heure, comme on l'a dit.

En somme, il n'y a eu ni feu proprement dit, ni lave incandescente projetée le 8 mai ; il y a eu *une quantité énorme de rochers incandescents qui sont partis comme la décharge d'un canon.*

En ce qui concerne les transformations de l'île, les affaissements de 2 000 à 3 000 mètres signalés au large du Prêcheur ne paraissent pas s'être produits. On a dit aussi que la crête de la montagne s'était affaissée et que l'ensemble avait diminué de 300 mètres au moins de hauteur. Je ne le crois pas, car les anciens points culminants, en particulier le morne Lacroix, se voient encore des mêmes points d'observation. Mais le sommet de la montagne a entièrement changé de forme, par suite de l'accumulation des cendres et des pierres autour du cratère en activité. Au lieu d'être terminée par un pic, la montagne présente maintenant, au sommet, la forme en entonnoir classique, ébréché du côté de Saint-Pierre.

D'autre part, un second cratère s'est formé au-dessus d'Ajoupa-Bouillon, au lieu dit le *Trianon*. Ce nouveau cratère a déjà plus de 100 mètres de long et

50 mètres de large ; ces jours derniers, il fumait comme le cratère principal.

Je ne pense pas que quelqu'un se soit trouvé mieux placé que moi pour observer les phénomènes du 8 mai, surtout ayant, au moment exact, les yeux fixés sur le cratère. Les quelques rares blessés restants se trouvaient sur les confins de la zone meurtrière et ne peuvent fournir des renseignements détaillés, tant ils ont été terrifiés et tant le coup a été subit : un grand bruit, des nuages, du feu, c'est tout ce qu'ils ont vu et entendu.

Pendant que nous rédigeons ces pages (juillet 1902), nous recevons la lettre suivante :

Fort-de-France (Martinique), le 3 juillet 1902.

Cher Maître,

Seul survivant [1] de tous mes braves collègues de la Société astronomique de France habitant Saint-Pierre, le devoir me prescrit de vous faire part de la disparition de tous ces Sociétaires, y compris mon malheureux frère Charles, employé de la Compagnie générale transatlantique. Pour moi, je ne dois mon salut qu'au pur hasard, qui me conduisit sur ma propriété du Parnasse la veille au soir,

[1] Nous avons vu que fort heureusement deux autres membres de la Société Astronomique de France avaient pris la décision de s'éloigner du volcan : M. le Dr Rémy-Néris et M. Th. Célestin.

7 mai, personne n'ayant pu s'échapper de la ville pendant l'effroyable sinistre du 8 mai dernier.

Toute ma famille a été anéantie par le coup fatal, mon père, ma mère, mon frère, ma sœur, etc. ; ils étaient restés à Saint-Pierre.

J'ai l'honneur de vous transmettre le rapport ci-dessous sur ce que *j'ai vu*.

Veuillez agréer, cher Maître, l'assurance de ma très grande vénération.

Signé : ROGER ARNOUX.

« Je remonterai dans ce récit de deux ans en arrière.

Le lundi de la Pentecôte 1900, étant allés en partie de plaisir au sommet de la montagne, nous pûmes découvrir, mon frère et moi, ainsi que les guides qui nous accompagnaient, l'emplacement de deux petites solfatares qui s'étaient ouvertes dans le cratère actuel dit l'Étang-Sec. Nous vîmes nettement deux espaces de 30 ou 40 mètres de rayon complètement dénudés, les arbres couchés et brûlés et le sol parsemé d'une matière jaune que nous pensions être du soufre, tandis que, lors de notre première ascension, l'année précédente, le même site offrait aux yeux le spectacle de la plus riche végétation. Toutefois nous n'avons vu la moindre petite vapeur indiquant que ces matières pussent être en combustion.

L'année d'après, quelques amis ayant fait une nouvelle ascension, m'assurèrent avoir vu au même endroit cinq ou six petites fumerolles d'où s'échappait une fumée verdâtre empestant le soufre. Mais ce n'est qu'au mois de mars de l'année présente que les phénomènes se manifestèrent d'une façon appréciable et qu'on commença à en parler à Saint-Pierre.

Des habitants des hauteurs du Prêcheur racontaient sentir presque continuellement une forte odeur de soufre, et un de mes amis, habitant le quartier du morne d'Orange, me certifia avoir vu de nuit, vers la fin du mois de mars, une assez vive lueur sortant de l'entonnoir du cratère.

Le temps étant demeuré très nuageux pendant tout le mois d'avril, personne ne put se rendre compte du travail qui se faisait sur la montagne. Certains habitants du Prêcheur disaient avoir entendu des détonations, d'autres avoir vu du feu, etc., et ce n'est que dans la nuit du 25 avril qu'on fut convaincu que la montagne s'était rallumée.

Étant couché, vers les 11 h. 30 de la nuit du 25 avril, je fus réveillé par une formidable détonation que je pris tout d'abord pour un coup de foudre ; le même fait s'étant reproduit un instant après, je me levai pour examiner le ciel, trouvant singulier un orage au mois d'avril. Sitôt que j'eus regardé la montagne, je compris qu'il s'agissait d'une éruption. De l'endroit où je savais être le cratère, je vis s'échappant une immense colonne de fumée dont le sommet s'infléchissait dans la direction Nord-Est. Bientôt après ce furent des détonations et des grondements continuels, tandis que de la colonne de vapeur partaient d'immenses étincelles.

Nous reçûmes alors une pluie d'environ un demi-centimètre d'un sable gris à grains presque aussi forts que le plomb de chasse appelé cendrille. L'éruption dura jusque vers 1 h. 30 du matin et parut se ralentir pour de nouveau recommencer vers les 5 heures, nous lançant cette fois un sable plus gris et dont les grains étaient presque impalpables.

Les jours suivants on voyait, surmontant la montagne, un gros nuage d'un gris bleuâtre, ayant absolument l'aspect d'un nuage orageux, mais ni grondements, ni orage, ce qui faisait penser que sans doute le cratère étant largement ouvert, les phénomènes ne pouvaient qu'aller en diminuant.

Le matin du 2 mai, vers les 9 heures, les mêmes faits signalés dans la première éruption se reproduisirent (détonations, grondements, cendres, etc.), et je pus m'apercevoir que le cratère s'était élargi considérablement ou, pour mieux dire, que d'autres bouches s'étaient ouvertes, mais à peu de distance de la première et toujours dans le même cirque de l'Étang-Sec, large d'environ 300 mètres et situé à peu près à 800 mètres d'altitude.

Ce n'est que le 5 mai que la décharge du cratère commença à se faire par la coulée de la Rivière-Blanche. De fortes vagues, d'une sorte de boue noirâtre, surmontée d'une épaisse vapeur, descendaient de la montagne, et l'après-midi de ce jour, l'usine Guérin était ensevelie sous l'une d'elles.

Le lendemain 6 mai, l'éruption semblait entrer dans une période d'accalmie ; les vapeurs dégagées du cratère ayant une moindre force ascensionnelle, de sorte que tous pensaient que l'éruption irait déclinant, vu que la décharge se faisait normalement.

Le 7 au matin, me trouvant à la rhumerie Berté, je causais avec le Directeur du câble anglais (M. Miller), qui m'apprit que toutes les communications télégraphiques entre la Martinique et les îles voisines étaient coupées. L'idée d'un cataclysme me traversa l'esprit, car le Directeur du câble lui-même attribuait ces ruptures de câbles à des dépressions sous-marines.

Dans l'après-midi, on entendit à Saint-Pierre, venant de la direction Sud, des détonations se succédant à de courts intervalles et provoquant des vibrations aériennes, faisant tremblotter les bibelots déposés sur les étagères. Le bruit courut alors que c'était un navire qui s'exerçait dans les eaux de Fort-de-France, chose d'autant plus croyable que le sémaphore avait effectivement signalé un navire de guerre dans le Sud.

Pour moi, je trouvai étrange la violence des commotions.

Ayant quitté Saint-Pierre le soir vers les 5 heures, j'assistai au spectacle suivant. D'énormes roches, nettement visibles, étaient projetées en l'air par le cratère, à une hauteur considérable, si bien qu'elles mettaient environ un quart de minute à retomber, décrivant un arc les lançant bien au delà du morne Lacroix, point culminant du massif.

Un peu plus haut, m'étant retourné pour regarder un orage qui se produisait sur le cratère, je vis sortir du milieu du massif de la montagne, à l'endroit dit le morne Jubin, situé à environ 500 mètres d'altitude, comme deux éclairs diffus. Très impressionné, j'arrivai chez moi et priai deux ou trois de mes travailleurs de venir avec moi à l'endroit d'où j'avais cru voir le phénomène, mais nous restâmes plus d'un quart d'heure sans plus rien apercevoir.

Vers les 8 heures du soir, nous vîmes pour la première fois, au sommet du cratère, des feux fixes d'une flamme très blanche. Peu après, quelques détonations, semblables à celles entendues à Saint-Pierre, se produisirent, venant toujours du Sud, ce qui me confirma dans l'idée que j'avais déjà de cratères sous-marins lançant des gaz détonant au contact de l'air.

Dans la nuit du 7 au 8, m'étant couché vers les 9 heures, je me réveillai peu après au milieu d'une chaleur suffocante et tout couvert de transpiration ; sachant mes nerfs agacés, je pensai à un malaise et me recouchai.

Vers les 11 h. 35, je me réveillai de nouveau, ayant senti une secousse de tremblement de terre. Mais comme personne n'avait été réveillé chez moi, je crus avoir été trompé par mes nerfs et me recouchai encore pour ne me relever que le matin, à 7 h. 52.

Mon premier regard à l'extérieur fut pour le cratère, que

je trouvai assez calme, les vapeurs se repliant très vite
sous la pression d'un vent d'Est. Vers les 8 heures, étant
encore à regarder le cratère, j'en vis sortir une petite
vague, suivie deux secondes après d'une *nappe considérable
qui mit moins de trois secondes à couvrir jusqu'à la pointe
du Carbet*, en même temps qu'elle se trouvait déjà à notre
zénith, se développant par conséquent presque aussi vite en
hauteur qu'en longueur.

C'étaient des vapeurs en tous points semblables à celles
lancées presque tout le temps par le cratère. D'un gris
violet, elles paraissaient très denses, car bien que douées
d'une force ascensionnelle inimaginable, elles conservaient
jusqu'au zénith leurs sommets arrondis. Au milieu de ce
chaos de vapeurs pétillaient *d'innombrables étincelles électriques*, en même temps que les oreilles étaient assourdies
par un fracas épouvantable.

J'eus alors l'impression bien nette que Saint-Pierre avait
été pulvérisé, et je pleurai sur-le-champ tous les miens que
j'y avais laissés la veille au soir. Comme le monstre semblait se rapprocher de nous, mes gens pris de panique se
mirent à courir sur un petit morne dominant ma maison,
me priant d'en faire autant. A ce moment, un vent terrible
d'aspiration se leva, arrachant les feuilles des arbres et
cassant les petites branches, nous opposant même une forte
résistance à la course. A peine étions-nous arrivés au
sommet du mamelon, que le soleil, s'obscurcissant tout
d'un coup, faisait place à une noirceur presque complète.
Alors seulement nous reçûmes des cailloux, dont le plus
gros mesurait environ 2 centimètres de diamètre moyen, en
même temps que sur la ville de Saint-Pierre et dans la
direction à peu près où je savais se trouver le quartier du
Mouillage, nous vîmes une colonne de feu semblant animée
d'un mouvement de translation et d'un autre mouvement
de rotation, laquelle trombe de feu j'estime au moins de

400 mètres de hauteur. Ce phénomène dura de deux à trois minutes. Peu après les pierres, une pluie de boue s'abattit sur nous, couchant au ras du sol toutes les herbes et même les petits arbustes; puis ce fut une pluie torrentielle durant environ une demi-heure.

En tout, le phénomène avait duré à peu près une heure, après quoi le soleil perça.

La vague que je vis s'abattre sur Saint-Pierre devait être composée d'une matière liquide à une température considérable, lequel liquide a dû se vaporiser au contact de l'air, non cependant d'une façon absolument instantanée, car je remarquai, durant les deux secondes que mit la vague à couvrir la ville, comme une petite pointe à *l'avant* de la dite vague; c'est du reste, je crois, la seule façon de s'expliquer le fait, car physiquement parlant on ne peut guère concevoir un gaz doué de deux forces contraires, force de chute et force d'ascension.

La foudre a dû contribuer à l'incendie, puisque, comme je l'ai dit plus haut, ces vapeurs étaient sillonnées d'étincelles électriques. De plus, par suite du dégagement des gaz, il a dû se produire un vide considérable sur la ville, lequel vide aura asphyxié les individus qui s'étaient trouvés dans des conditions particulières pour ne pas être atteints par la vague. Le vent d'aspiration que je ressentis au Parnasse, situé à 3 kilomètres de Saint-Pierre à vol d'oiseau, a dû donner le coup de grâce en broyant absolument Saint-Pierre.

Relativement à une pluie de feu dont on a beaucoup parlé, je n'ai rien aperçu de semblable, ayant cependant observé le phénomène dans son entier. Quant aux matières volcaniques (cendres, boue et pierres tombées à Fort-de-France et dans presque toute l'île), elles ont dû provenir d'une sorte de fusée lancée par le volcan quelques secondes après la destruction de Saint-Pierre, car à aucun moment je n'ai vu l'éruption verticale ; les vapeurs qui étaient précipitées sur Saint-Pierre ayant, dans l'espace de quelques secondes, couvert entièrement la montagne en même temps qu'elles se trouvaient déjà au zénith.

Il s'agirait de savoir quelle a pu être la nature de ces gaz. Pour moi, je crois simplement à de l'eau chaude à une température excessive, car peu après l'éruption j'ai pu sentir, pendant un temps assez long, une forte odeur de terre bouillie, qui me conduisit immédiatement à l'hypothèse ci-dessus. »

Le Parnasse se trouve entre Saint-Pierre et le morne Rouge (voir plus loin, p. 273, la carte), en dehors de la zone balayée par la trombe : c'était assurément là un point d'observation exceptionnel. Nous avons vu plus haut (p. 143) que M. F. Clerc s'y trouvait aussi. Ajoutons à son récit antérieur celui qu'il a donné comme confirmation à M. Jean Hess :

« Le matin du 8, nous étions dans la maison de l'habitation Littré, au Parnasse. A 7 h. 50, on entendit une détonation. Pas très forte. Nous sortons pour regarder. Alors, deuxième détonation, très forte celle-là. Puis j'ai vu sortir de l'Étang-Sec un fleuve de fumées lourdes, excessivement noires. Ces fumées coulaient en moutonnant avec un bruit sinistre. On sentait que cela était pesant, puissant. Un gigantesque bélier roulant... je répète l'expression, roulant... On entendait le craquement de tout ce que cette trombe roulante brisait, arrachait, broyait sur son passage. Cette masse noire qui dévalait ne se confondait pas avec les fumées qui continuaient de monter en nuages du cratère. On voyait l'horizon au-dessus des fumées, qui descendaient sur Saint-Pierre. Elles suivirent avec fracas la vallée de la rivière des Pères, la vallée de la Roxelane et s'étendirent jusqu'au Carbet, couvrant tout d'un frémissement de noir linceul... J'estime que cette avalanche d'un nouveau genre ne mit pas plus d'une minute et demie à couler du haut de la montagne jusqu'au Carbet. Puis, avec la vitesse même de la pensée, j'ai vu toute la masse noire fulgurer dans un éclat de tonnerre. Et, toujours dans le noir, ce fut sur Saint-Pierre des lueurs d'incendie.

Aussitôt après le jet et l'explosion de la trombe gazeuse, le sommet de la montagne s'éclaircit, le cratère s'éteint et je vois, complètement changée, la silhouette ancienne du morne Lacroix.

Et le noir revient. Pendant une heure, toute la région, le rivage, la montagne, les mornes, la maison où nous nous trouvions, tout fut dans le noir. On dut allumer les lampes.

Lorsque revint le calme et la lumière, une lumière sans éclat, une lumière atone, morte, nous étions dans un paysage de cendres... C'était comme une neige d'un gris-clair qui eût tout recouvert.

Saint-Pierre n'existait plus ; le quartier du Fort était rasé, celui du Mouillage brûlait...

A 10 heures, je descendis aux Trois-Ponts et à l'allée Pécoul, que j'ai suivie jusqu'à l'établissement de la lumière électrique. Trois hommes m'accompagnaient, qui marchaient nu-pieds. Donc, la cendre n'était déjà plus chaude.

Il y avait partout des cadavres noircis. Mais le quartier n'avait pas brûlé. Les gens étaient morts asphyxiés... comme par un gaz chargé de poussière de houille qui, ensuite, en explosant, les eût tous noircis de la même teinte. Le quartier du Fort n'était pas brûlé, mais broyé... Il n'y restait rien. C'était rasé.

J'étais encore en bas, lorsque, entre 11 heures et

11 h. 30, j'entendis une explosion qui provenait de l'autre côté du morne Lacroix. Une nouvelle bouche volcanique venait de s'y ouvrir. L'ancienne, celle de l'Étang-Sec, recommença de fumer vers 3 heures. »

M. Clerc ajoute qu'un certain nombre de personnes ont pu voir venir le danger et eurent le temps de commencer à fuir. (Cela, d'ailleurs, n'empêche pas qu'elles aient été sidérées, soit par une asphyxie foudroyante, soit par une fulguration, peut-être par les deux simultanément.)

Dans la rue de Longchamps, il a vu les cadavres comme tombés en courant, puis poussés, entassés par la trombe, qui les dénudait, les scalpait.

Dans la rue de la Banque, il a noté que les gardes de police, alors au rapport, avaient dû fuir vers le rivage : ils étaient tombés à des distances différentes; le sabre était à côté des cadavres carbonisés.

Près de la maison Knight, il a vu le rouff d'un navire. Sur ce rouff, il y avait un cadavre dans l'attitude d'un homme qui déjeune ; à côté, se trouvaient l'assiette, le couteau, la bouteille.

Trois semaines après la catastrophe du 8 mai, l'Académie des sciences nomma une Commission scientifique envoyée aux frais du gouvernement, chargée d'étudier les phénomènes qui s'étaient produits à la montagne Pelée.

Cette Commission se composait de MM. Lacroix, professeur au Muséum; Rollet de l'Ille, ingénieur hydrographe; Girod, docteur ès-sciences.

A la séance de l'Académie des sciences du 21 juillet, nous trouvons le passage suivant d'une lettre de M. Lacroix, intéressant à consigner ici :

Nous avons longuement étudié la ville en tous sens; le quartier du Port ne fournit plus rien, tout a été rasé; le quartier du Centre est moins entièrement détruit, mais c'est surtout celui du Mouillage qui fournit d'utiles indications. La plupart des murs préservés ont une orientation moyenne Nord-Sud; c'est aussi la direction des arbres couchés, du phare renversé; c'est celle du déplacement horizontal des pierres du cimetière.

Il n'est tombé à Saint-Pierre que de la cendre fine, mêlée de petits lazullis, et en quantité relativement peu considérable. On n'y observe aucune bombe; il faut donc admettre que la destruction de cette ville a été produite par des dégagements gazeux à haute température, provenant directement du cratère et animés d'un rapide mouvement Nord-Sud.

Les nombreuses relations que nous venons de publier diffèrent sensiblement entre elles. Elles nous serviront toutes pour notre conclusion.

Tels sont les documents authentiques. Ils nous mettent directement sous les yeux les faits de cette effroyable éruption volcanique qu'il s'agit d'expliquer. Nous les avons accompagnés des photographies qui ont été prises aussitôt après la catastrophe et que nous devons particulièrement à l'obligeance du directeur de l'*Illustration*. On remarquera le ton gris blanchâtre de ces figures, dû à l'aspect même des objets photographiés, tous couverts des cendres de l'éruption.

Maintenant, essayons, d'après ces documents eux-mêmes comparés entre eux, de déterminer, s'il est possible, la *cause* de cette extermination instantanée de toute une cité, de l'anéantissement de toute une contrée.

Mais il est utile d'ajouter quelques mots encore

à propos des éruptions qui ont eu lieu après la catastrophe du 8 mai.

(Remarquons, en passant, que les Antilles forment le rebord occidental du continent de l'Atlantide, disparu, submergé, vers la fin de l'époque tertiaire. Dans la chronologie géologique, cette dislocation est relativement récente. Ce continent mettait presque en communication l'Amérique avec l'Europe méridionale.)

VI

A douze jours de distance, les phénomènes volcaniques qui ont amené, le 8 mai, la destruction de la ville de Saint-Pierre, se sont manifestés de nouveau, avec plus de violence et d'intensité.

Voici, sur cette nouvelle éruption, l'analyse du câblogramme du gouverneur par intérim, M. Lhuerre, telle que la communiqua le ministère des Colonies :

Les ruines de Saint-Pierre, qui étaient encore debout à la suite de l'éruption du 9 mai, ont été démolies par la commotion produite par l'éruption du 20.

Le bourg du Carbet a reçu une avalanche de boue

chaude. De nombreuses coulées se font encore dans la région de Saint-Pierre au Prêcheur.

Les cultures sont complètement détruites de la Grande-Rivière au Marigot.

La population qui y est demeurée a beaucoup souffert, mais reste calme. Son approvisionnement de vivres est assuré. Les grandes cultures sont toujours en bon état depuis le Lorrain jusqu'au Marin.

Les habitants du morne Rouge ont été complètement évacués sur Fort-de-France à la suite d'une grêle de pierres et de matières sulfureuses. Ceux du Carbet ont été également amenés au chef-lieu avec l'aide de l'aviso *Jouffroy*. Il en a été de même du détachement de troupes qui était dans le même bourg et qui n'a éprouvé aucune perte.

Les vapeurs *Salvator*, *Hortin* et *Helga* ont transporté un millier de personnes à la Guadeloupe et à Sainte-Lucie; 3 000 environ ont quitté Fort-de-France pour se rendre dans les communes de l'extrême sud de l'île.

De son côté, le commandant Le Bris, du *Suchet*, a envoyé la dépêche suivante au Ministre de la Marine :

Fort-de-France, 20 mai.

Ce matin, éruption violente lança des pierres, causa forte panique à Fort-de-France.

Ai visité côte avec gouverneur jusque grande anse. Pas de victimes. Pas dégâts importants. *Jouffroy* ramène du Carbet et villages voisins 240 personnes. Nombreux habitants quittent la colonie, quoique Fort-de-France soit pas menacé.

Ainsi Saint-Pierre a été détruit une seconde fois — *etiam periere ruinæ* — par de gigantesques colonnes de matières projetées par le volcan. Ce qui restait de la ville a été criblé d'une grêle d'énormes blocs brûlants s'abattant d'une hauteur considérable et animés d'une vitesse terrible.

Des nuages volcaniques sont arrivés jusqu'à *Fort-de-France* et, sous les clartés du soleil levant, on eût dit qu'un océan de matières en fusion, suspendues dans les airs, roulait au-dessus de la ville. Ce spectacle était à la fois sublime et effroyable.

Une panique inouïe s'est emparée de toute la population de Fort-de-France. Les troupes et la police, les hommes comme les femmes, s'étaient élancés dans les rues, terrifiés, les uns pleurant, les autres priant, pendant que des nuages embrasés flottaient sans relâche au-dessus de leurs têtes et que tombait une pluie de pierres brûlantes au milieu de tourbillons de cendres.

Un correspondant du *Journal* écrit :

Rien ne peut vous donner une idée de l'épouvante que nous avons éprouvée, quand, à 5 heures 30 du matin, un grondement formidable s'échappa tout à coup du mont Pelé qui jusqu'alors avait paru se calmer graduellement. Une nuit épaisse nous enveloppa.

L'île tout entière trembla effroyablement et nous eûmes l'impression que de forts mouvements de tangage et de roulis l'agitaient comme un immense radeau. Chacun crut sa dernière heure venue. L'île paraissait sur le point de s'engloutir dans les flots qui s'avançaient en mugissant, couvrant avec un bruit horrible toutes les parties basses des côtes. La mer monta, dépassa de 15 mètres son niveau ordinaire, engloutissant complètement la ville de Basse-Pointe. En même temps, une véritable avalanche de boue brûlante, de cendres empestées, de liquides corrosifs s'abattait sur notre ville. Chacun s'enfuyait en hurlant. Les gens se précipitaient dans les caves, ou couraient à travers les rues, affolés. Chacun, à ce moment, avait l'impres-

sion qu'un jet plus puissant du volcan allait foudroyer
Fort-de-France comme Saint-Pierre l'a été il y a
quelques jours.

On entendait le choc sourd des blocs de lave durcis
et des rochers projetés par le volcan et s'enfonçant
dans les terres. Plusieurs maisons, situées du côté du
volcan, ont été atteintes par cette formidable artillerie.
D'autres ont été littéralement entraînées, emportées
dans des fleuves de lave.

Moi-même, à demi suffoqué, couvert de boue et de
scories, je me trouvai entraîné par un flot de gens
qui s'enfuyaient en gémissant à demi vêtus, et ce n'est
que plusieurs minutes après que je repris possession
de moi-même.

Je m'aperçus alors que j'étais derrière une église,
au milieu d'un groupe compact de mulâtres et de
nègres et de négresses, dont la plupart prosternés sur
le sol, récitaient des prières et faisaient convulsive-
ment de grands signes de croix. Bientôt, néanmoins,
nous comprîmes qu'aucun péril absolument immédiat
ne nous menaçait. Mais la terreur de chacun ne diminue pas.

J'ai pu, dominant mes nerfs ébranlés et profitant
d'une accalmie, tenter une reconnaissance hors de la
ville. Toute la campagne située entre Fort-de-France
et le volcan ressemble, maintenant, à un véritable

Sahara, aride et brûlant, tout parsemé de carcasses d'animaux et de cadavres humains.

Une couche de lave et de cendre épaisse de $1^m,20$ recouvre tout et forme par endroits des dunes à l'aspect sinistre d'où monte une fumée roussâtre. Les quelques arbres qui sont restés debout sont entièrement dénudés de feuilles et d'écorce, et ils ressemblent à des ossements émergeant des scories.

Le capitaine du *Potomac*, qui échappa comme par miracle à la pluie de feu et de blocs volcaniques, a fait, à son arrivée à Fort-de-France, le récit suivant :

La conflagration des éléments a été plus épouvantable que le 8 mai; les éclairs, le tonnerre, les cendres et la pluie de feu et de pierres étaient plus effroyables encore. Les fugitifs que le navire recueillit à son bord étaient comme morts de peur.

Ceux d'entre eux qui venaient des villages de l'intérieur ont déclaré que les pierres tombées du ciel étaient d'un volume considérable, qu'elles brisaient les toits des maisons et tuaient les habitants. Ils ont vu plusieurs de leurs compagnons écrasés devant eux par les projectiles. D'autres, frappés au moment où ils traversaient à gué une rivière, ont disparu sous l'eau.

Voici un trait qui donnera une idée de la panique qui régnait à Fort-de-France, au moment où la ville sembla menacée de destruction.

M. Richard, de Manchester (Angleterre), venu d'une colonie anglaise pour visiter les ruines de l'île, se trouvait à l'hôtel quand le nuage de feu s'approcha de la ville avec une rapidité effrayante. Epouvanté comme tout le monde, il abandonna tout ce qu'il avait à l'hôtel, se précipita vers le quai et se jeta dans la mer. Habile nageur, il parvint à atteindre son bateau stationnant en rade.

Un négociant en rhum, du Havre, M. Deneuve, a reçu d'un de ses correspondants de la Martinique la lettre suivante, datée de Fort-de-France, 1ᵉʳ juin, et relative à une troisième éruption, du 26 mai :

L'émigration continue en masse. Le courrier qui part aujourd'hui refuse des passagers. On s'inscrit pour celui du 10. Toutes les familles pouvant fuir s'en vont. Ce n'est pas étonnant, car nous vivons dans une inquiétude constante. Cependant, de l'avis des officiers de la flotte, Fort-de-France n'est pas en danger.

Le volcan est loin d'être en décroissance ; nous avons de fréquentes éruptions. Lundi dernier (26 mai), je suis allé au morne Rouge pour essayer de sauver ce qui me reste de mon troupeau de bœufs. Ce voyage a failli me coûter la vie.

Vers huit heures du soir, j'étais chez le maire, où je comptais passer la nuit, lorsque le volcan — qui avait paru dans la journée nous offrir une certaine sécurité — s'est mis tout à coup à lancer des flammes qui montaient à une hauteur considérable. De ces flammes s'échappaient des fusées qui allaient éclater à distance. Des gaz lourds et incandescents roulaient sur les flancs de la montagne, dans la direction du bourg ; une fumée noire et épaisse s'échappait aussi du cratère et se déroulait en une nappe immense au-dessus de notre tête.

De tous les côtés, des millions d'éclairs jaillissaient de ce nuage qui allait nous envelopper. C'était la mort par l'électricité ou l'asphyxie. Sitôt que je me suis rendu compte du danger, je me mis à fuir dans la direction du Champ-Flore, route que j'avais déjà visée en cas d'alerte.

Après avoir couru pendant cinq kilomètres, avec quelques hommes que je rencontrai sur la route, j'étais éreinté, et je me décidai à passer la nuit à l'endroit où je me trouvais. Mais, voyant que le volcan continuait à lancer du feu avec plus d'intensité, que la nappe de ce feu qui couvrait la montagne avait presque atteint le Camp-Chazeau, et qu'elle avait traversé la route coloniale, à la Calebasse, je me décidai à continuer ma route pour rejoindre Fort-de-France. Le nuage de fumée avait plusieurs kilomètres de longueur et s'étendait sur notre droite.

Ce spectacle était terrifiant.

Les hommes qui étaient avec moi, connaissant les difficultés que nous aurions éprouvées à continuer par la route, n'ont pas hésité à me suivre et à prendre un sentier que j'avais parcouru avec beaucoup de mal dans la matinée. C'est par ce sentier, et par une nuit des plus noires, que nous sommes arrivés au Fond-Saint-Denis, à 10 heures du soir. Je passai ma nuit sur une planche et le lendemain matin je montai à cheval et rentrai à Fort-de-France, bien fatigué.

Cette éruption du 26 mai avait été télégraphiée en France dans les termes suivants :

Dans la soirée du 26 mai, vers les 8 heures, une nouvelle éruption du mont Pelé s'est produite, très violente, et a occasionné une grande panique à Fort-de-France.

Cette ville n'a d'ailleurs nullement été atteinte et la pluie de cendres et de graviers qui a suivi l'éruption n'est tombée que sur les communes du nord de l'île jusqu'au Lorrain.

Une autre dépêche de M. Lhuerre donne les renseignements suivants :

Le volcan est toujours en activité et, par plusieurs cratères, lance d'épais nuages de fumée.

Au moment où le *Tage* passait en vue de Saint-Pierre, une nouvelle éruption s'est produite, donnant lieu à une subite coulée de boue dans le lit de la rivière Blanche.

La visite de Saint-Pierre n'a fait que confirmer les renseignements publiés jusqu'ici. Il semble que la partie sud de la ville a été détruite par un phénomène encore inexplicable, d'un effet foudroyant, ayant l'aspect d'un ouragan allant du nord au sud. La pluie de cendres qui a précédé, accompagné et suivi ce phénomène a formé une couche de 25 à 30 centimètres d'épaisseur. La partie nord de Saint-Pierre est enfouie sous une nappe de boue. L'aspect général de la ville est d'une désolation que l'on ne peut imaginer si on ne

l'a vu, impossible à décrire, et à laquelle on ne peut
rien comparer.

Quatrième éruption. — On écrivait aussi de
Sainte-Marie, le 10 juin :

Vendredi dernier, 6 juin, il y a eu, à 10 heures du
matin, une très forte explosion du volcan qui a ouvert
sur le flanc de la montagne Pelée, du côté Vive-Basse-
Pointe, cinq nouvelles bouches, lesquelles, avec celles de
Trianon, forment sept bouches sur le versant Nord. Ces
bouches sont situées sur la même ligne horizontale, à
700 mètres environ d'altitude. Je crains qu'elles ne se
joignent et provoquent un effondrement de la partie
supérieure de la montagne : ce serait le coup de la fin.

Il existe en mer, devant le Prêcheur et le Ceron, à
peu près à 3 kilomètres au large, une dépression
extraordinaire du fond de la mer. Le câble sous-marin
qui était immergé par 350 mètres de fond a été fina-
lement retrouvé au même endroit, par 3 500 mètres
de fond, enroulé dans des troncs d'arbres énormes. La
ligature du câble a été faite, mais celui-ci s'est rompu
immédiatement ; on a renoncé à rétablir la communication télégraphique. Sur les côtes de Sainte-Philomène et du Prêcheur l'affaissement du sol est bien marqué ; en ce moment *la mer est à l'intérieur de l'église*

du Prêcheur, au niveau de la chaire ; tout Sainte-Philomène est sous l'eau. Fait curieux, la dépression n'atteint pas Saint-Pierre.

Les trois dernières explosions ont achevé la besogne. Il n'existe plus trace de constructions à l'emplacement de cette malheureuse ville. *Tout est nivelé et recouvert maintenant d'une couche de cendres* évaluée à un mètre. Je n'ai pu savoir où sont nos chers morts...

Les cadavres retrouvés sur les grands espaces découverts étaient tous couchés dans la même direction Nord-Sud. Tout le linge est brûlé. Le cuir a été respecté, aussi les souliers sont intacts, tandis que les chaussettes en dessous sont brûlées. Il y a eu des phénomènes jusqu'à présent inexplicables.

Je crois le Nord de l'île très menacé. En cas de désastre de cette partie de l'île, jusqu'où se fera sentir la répercussion, c'est ce que nul ne peut dire.

Cette éruption du 6 juin a failli engloutir le *Pouyer-Quertier* :

Ce vapeur se trouvait en face de Saint-Pierre, à cinq milles ouest, lorsque se produisit l'éruption. Il était à la recherche des tronçons du câble et faisait des sondages.

A 10 h. 5 du matin, l'officier de quart, M. Le Doré,

premier lieutenant, aperçut une masse énorme, épaisse, une véritable montagne de poussière compacte, sillonnée d'éclairs, qui, se détachant du volcan, s'avançait vers le vapeur avec une rapidité de un mille à la minute. En même temps, une grêle de grosses pierres couvrit le pont du *Pouyer-Quertier*, trouant les toiles des voiles, brisant les compas recouverts de leur capot, assaillant le personnel de l'équipage.

M. Le Doré fit immédiatement prévenir le capitaine et commanda, sans attendre davantage, les manœuvres qui ont sauvé le navire.

Pendant les premiers moments, tout l'équipage se croyait perdu; le capitaine lui-même supputait les instants qui le séparaient de la mort : « Nous sommes f....., disait-il, encore cinq minutes, encore trois minutes ».

Enfin, le vapeur put filer à toute vitesse et gagner de l'avance sur cette montagne de poussière compacte qui menaçait d'écraser le navire et d'asphyxier tous les marins.

Un correspondant du *Temps* envoyait le 11 juin le récit suivant sur l'état de Saint-Pierre qu'il venait de visiter :

Le 9 juin, au matin, je partais visiter Saint-Pierre

ou plutôt les ruines de ce qui fut une ville de 30 000 habitants. A bord du paquebot *Labrador* qui nous avait amenés la veille, nous avions pu voir la côte nord de l'île, mais nos yeux n'avaient perçu sur 25 kilomètres de longueur de côtes que des collines de mamelons grisâtres, sans aucune végétation, sans aucun indice d'habitation, et que seuls les dires de nos compagnons de route martiniquais avaient pu nous faire supposer jadis revêtus de villes, de villages et de verdoyantes plantations de cannes à sucre et de cacaoyers. Mais hier nul de nous n'eut besoin du récit de témoins oculaires. Dès notre débarquement sur le sol de Saint-Pierre, nous fûmes pétrifiés d'horreur. Nous entrions dans la vaste nécropole d'une ville puissamment riche jadis, les pans de murs écroulés dessinaient d'une main sûre le tracé d'une ville aux rues droites, longues et larges, aux maisons bien alignées, en pierres de taille et en matériaux que l'homme avait cru devoir résister au temps et que la nature avait réduits en poudre en quelques secondes. Le relief n'existe guère, car la cendre et la boue ont nivelé le terrain en bien des points ; presque partout les maisons sont enfouies jusqu'à la hauteur du premier étage ; en général, un ou deux murs seuls sont restés encore debout — et en partie seulement — et nous nous demandions avec stupeur où est passé le reste des murailles ; elles se

sont littéralement effritées, désagrégées complètement;
les mortiers, ciments, joints de toutes sortes ont disparu ; nul vestige, nulle trace n'en subsiste aujour-
d'hui, les pierres mêmes sont arrondies et comme
roulées par des lames de l'Océan. Un vaste pont de
pierre n'existe plus, et nulle part dans la rivière Roxelane nous n'apercevons une pierre qui puisse avoir
appartenu à ce pont. Ont-elles été emportées en pleine
mer? se sont-elles dissoutes, volatilisées ? Mystère.
Devant ce qui fut la Banque, j'ai vu une pierre de
taille qui surmontait la grille, enfoncée dans un fer
de lance de celle-ci de cinq centimètres au moins.
Comment cette pierre a-t-elle pu ainsi se laisser pénétrer par ce morceau de fer sans se casser ou sans
casser ce dernier? Evidemment il s'est passé le 8 mai
des phénomènes physiques et chimiques qui déroute-
ront les savants pendant longtemps. Pour vous en
donner un exemple frappant : j'ai vu dans une maison
quatre cadavres échappés à la pioche des enfouisseurs,
trois étaient absolument intacts et le quatrième, placé
cependant entre deux des premiers, n'était plus qu'un
squelette d'amphithéâtre. Je renonce d'ailleurs à vous
décrire ce que nous vîmes il y a deux jours. Et pour
ajouter au désarroi, ajoutons que nous avons découvert
dans ces ruines un chat et un crapaud encore vivants.
D'où venaient ces animaux, sont-ils venus dans ce

désert après la catastrophe? je ne sais. Nous sommes
partis étourdis par l'horreur, le sublime de ce spectacle, l'odeur des miasmes qui s'en dégage, la chaleur
torride de ces décombres où nous enfoncions par moments jusqu'aux genoux dans des cendres qui recouvraient des brasiers encore fumants.

L'activité volcanique continua ses manifestations, offrant d'ailleurs diverses formes. On
télégraphiait de Fort-de-France, le 18 juin :

Une colonne d'eau boueuse atteignant cinq mètres
de hauteur s'est abattue sur Basse-Pointe. Vingt-deux
maisons ont été complètement détruites. La partie
basse du bourg a été anéantie. On ne signale pas de
victime.

Cinquième et sixième éruptions. — On écrivait de Fort-de-France, le 10 juillet :

Hier soir 9 juillet, à 8 h. 30, les habitants de Fort-
de-France qui commençaient à se rassurer sont sortis
de leur quiétude en voyant s'avancer vers leur ville
un gros nuage noir allant en s'élargissant à mesure
qu'il approchait. Ce nuage d'un noir d'encre était semé
d'éclairs d'un aspect des plus bizarres. Quelques-uns
de ces éclairs embrasaient les contours du nuage,

d'autres dessinaient des dessins fantastiques au milieu même du nuage, des boules de feu le parcouraient en tous sens, des étincelles, des étoiles étincelantes le faisaient apparaître, par moments, comme un immense voile funéraire semé de larmes et d'étoiles d'argent. En quelques dix minutes le nuage a atteint Fort-de-France, obscurcissant tout le ciel bien haut au-dessus de nos têtes ; il a dépassé la ville et s'est étendu plus loin.

Cette éruption a dû dégager une masse énorme de gaz et de vapeurs dont le mélange avec l'air atmosphérique produisait les étincelles que nous avons vues et aussi les détonations que nous entendions dans le lointain. Mais ces gaz et vapeurs s'étant rapidement détendus par suite de la diffusion de ce nuage dans l'espace, ces phénomènes sont allés en s'affaiblissant rapidement, et vers 10 heures on ne les percevait plus. Le ciel cependant est resté voilé et un gros orage est survenu.

Le volcan a rejeté des roches incandescentes et des bolides de feu et, vers 9 heures du soir, on a distinctement vu du morne Rouge une trombe de feu se ruer sur Saint-Pierre, et pendant quelques minutes les ruines de la malheureuse ville sont de nouveau apparues en flammes. Les habitants du morne Rouge se sont enfouis sur le Parnasse. On ne signale aucune victime.

D'autre part voici, d'après un témoin oculaire, le récit de cette éruption au Nord de l'île, au pied de la montagne Pelée :

A 8 h. 25 du soir, le 9 juillet, la *Guyane*, en essai, était mouillée près de la rivière de Céron, dans le voisinage de la Perle, rocher situé au Nord-Ouest de l'île.

Nous allions sortir de table, lorsque le sommet de la montagne Pelée s'éclaira d'une teinte de feu et, au milieu de détonations d'orage, une colonne opaque et noire, obscurcissant tout, s'éleva dans le ciel, couvrant toutes les parties de l'horizon.

Du grand nuage sombre sortaient des décharges électriques; des boules de feu roulaient comme des billes innombrables trop violemment lancées sur un billard immense. En même temps se faisait entendre un crépitement continu et sec, un bruit de « feu à volonté » de mousqueterie.

Nous contemplions depuis dix minutes ce spectacle splendide et impressionnant, lorsqu'une pluie de pierres, dont les plus grosses pesaient de cinq à dix grammes, vint s'abattre sur nous avec de la boue. Le phénomène dura une ou deux minutes, et la pluie de boue et de cendres continua pendant près de deux heures.

L'épaisseur moyenne de la couche de cendres a excédé un centimètre.

La direction de la brise a fait deux fois le tour de l'horizon et a fait tourner deux fois la *Guyane* autour de son ancre.

Les pierres tombées sur la *Guyane* sont très denses et paraissent analogues, comme matières, aux bombes trouvées près du cratère (andésite, silicates et fer magnétique). Elles sont noires et à grain cristallin.

Fort-de-France, 12 juillet.

Une nouvelle éruption du mont Pelé a eu lieu dans la matinée du 11 juillet. Aussi violente que celle de l'avant-veille, elle a été marquée par de fortes détonations suivies de chutes de pierres et de cendres sur les campagnes de Basse-Pointe, morne Rouge et Fonds-Saint-Denis.

On a trouvé dans les cendres volcaniques une proportion considérable de fer magnétique, plus de 50 pour cent! On s'explique les perturbations et l'affolement des boussoles.

Nous terminerons ces relations en ajoutant que ces phénomènes volcaniques n'ont pas été concentrés dans les éruptions de la montagne Pelée, mais qu'ils se sont étendus sur presque toutes les Petites Antilles, notamment à l'île de *Saint-Vincent*, où ils ont été également très désastreux, et où l'on en a signalé de nouveaux les 17 et 20 juillet. Remarquons aussi que l'année 1902 restera inscrite comme exceptionnelle, non seulement par le nombre des tremblements de terre ressentis un peu partout (notamment la destruction de la ville de Chemakha, en Transcaucasie, le 12 février, et celle de plusieurs villes du Guatemala, le 18 avril), mais encore par ses fantastiques perturbations atmosphériques, la courbe des températures s'écartant constamment de la normale par une succession bizarre de coups de chaleurs et de coups de froids. Notre planète a été étrangement et singulièrement agitée, et l'on est conduit à penser qu'il y a eu une cause générale à cet état anormal.

VII

La destruction de Saint-Pierre. — Les causes
de la catastrophe.

Les diverses relations que nous venons de publier sont autant de documents d'une haute valeur pour notre appréciation scientifique du phénomène. C'est évidemment sur elles que nous devons la baser. On aura remarqué, sans contredit, certaines divergences dues à l'emplacement des observateurs, à leurs impressions particulières, et sans doute aussi à l'émotion. Ce prodigieux jet volcanique a produit des effets variés suivant les lieux. Toutefois, il se déclare avec évidence que *la mort des victimes a été causée*

par une asphyxie instantanée : le volcan a projeté sur Saint-Pierre une trombe de feu. Mais
quel feu? Quel gaz? Quelle substance?

Malgré le temps qui s'est écoulé depuis le cataclysme volcanique du 8 mai et le nombre remarquable de récits de témoins oculaires qui ont pu,
sans périr, observer le phénomène de divers
points voisins du désastre, il est extrêmement
difficile de tirer une conclusion précise, certaine,
définitive, expliquant exactement ce qui s'est
passé. Il va sans dire que nous tenons à agir ici,
comme toujours, en complète indépendance d'esprit et sans aucune idée préconçue pour ou contre
les théories, classiques ou non, admises ou discu-
tées, sur la constitution intérieure du globe, le
feu central, les formations volcaniques, etc. Nous
voudrions pouvoir raisonner uniquement d'après
les faits observés.

Le premier caractère de cette explosion si des-
tructive a été sa soudaineté, sa rapidité foudroyante, son instantanéité stupéfiante. Souve-

22.

nons-nous de l'exemple de ce marin, M. Sainte, qui, du pont d'un des navires à l'ancre dans la rade de Saint-Pierre, se jette à l'eau pour échapper à la grêle de boue brûlante et de projectiles enflammés et constate, en revenant à la surface, que la ville était en feu. Il a été brûlé par l'eau chaude de la mer, non par le jet volcanique, et le désastre était accompli.

Remarquons en passant ce fait si rare : *l'eau de la mer brûlante.*

Autre exemple : M. Fernand Clerc, candidat à la députation, s'étant éloigné de Saint-Pierre et se trouvant au Parnasse, voit arriver un immense jet de feu. Il fuit à toutes jambes, est jeté à terre, se relève : Et Saint-Pierre n'existait plus ! A vingt-cinq mètres derrière lui gisaient les premiers cadavres.

M. Théodote Célestin, réfugié au bourg du Carbet, a tout à coup devant lui une avalanche de fumée noire criblée d'éclairs. Il se précipite à l'opposé, vers le Sud, est rejoint par le nuage, se

résigne à mourir sur le rivage de la mer tour-
billonnante, lorsqu'un vent violent souffle du Sud
et le sauve avec ses compagnons. A trois cents
mètres de distance tout est détruit! *Trente
secondes*, dit-il, s'étaient écoulées depuis le commencement de notre course.

Un négociant de Fort-de-France était en communication téléphonique avec un de ses amis de
Saint-Pierre. Celui-ci décrivait les phénomènes
volcaniques qui les inquiétaient et ajoutait : « Si
ces manifestations extraordinaires continuent, je
me déciderai à gagner Fort-de-France avec toute
ma famille. » Tout d'un coup, un cri épouvantable
suit cette phrase, puis un second moins fort,
comme un râle étouffé, puis le silence. *C'était
fini!*

Un employé du téléphone, à Fort-de-France,
demande à son collègue de Saint-Pierre la communication avec Ajoupa-Bouillon, et reçoit pour
réponse que cette communication est coupée
depuis le matin. Un instant après, il interroge

de nouveau. Allô ! Allô ! Comme réponse, un cri rauque, le fracas d'un édifice qui s'effondre et toutes les sonneries du bureau de Fort-de-France vibrant et jetant des étincelles. La communication avec Saint-Pierre a cessé.

L'ancien directeur d'une usine à sucre écrit à un de ses amis de Marseille : « Les victimes semblent avoir été frappées comme par la foudre. Sur un rouff de navire, un nègre dort si près du bord que s'il avait fait un mouvement il serait tombé. Une jeune fille est assise tranquillement dans un fauteuil. Ailleurs, une mère allaite son enfant. »

Ainsi, voilà un premier point absolument établi : l'*instantanéité* du phénomène destructeur.

Maintenant, quel a été l'agent de la destruction ?

Trente mille êtres humains sont morts d'un seul coup ! Dans la ville de Saint-Pierre, pas un seul être, pour ainsi dire, n'a échappé au désastre : deux ou trois victimes, sauvées comme par miracle, paraissent seules avoir survécu à leur flamboiement.

Il semble qu'il y ait eu, dans ce cataclysme subit et brutal, plusieurs forces diverses en action.

Comme on vient de le voir, un certain nombre de victimes sont mortes sans aucune convulsion, sans aucune souffrance. Dans une maison de la rue Victor-Hugo, on a eu sous les yeux, en y pénétrant, un homme assis à son bureau, ayant auprès de lui une jeune femme, sans doute sa fille, qui s'appuie sur son épaule, les bras autour de son cou, tandis qu'un jeune homme, à ses genoux, semble lui demander protection. Ailleurs, on a retrouvé une femme restée assise sur un sac de manioc. Peu de cadavres dans les rues. En général, on ne s'est pas sauvé, on a été surpris dans les habitations. Des personnes semblent dormir dans leur lit.

D'autres victimes ont été retrouvées couchées à plat ventre sur le sol, les mains contre la bouche et les narines, dans le geste d'arrêter une respiration délétère et fatale.

La plupart sont entièrement dépouillées de leurs vêtements.

Chez un grand nombre, le ventre, gonflé, a éclaté, et les intestins sont sortis du corps. Sur plusieurs même le crâne a sauté. Un soldat d'infanterie coloniale raconte qu'en pénétrant dans un appartement qui semblait avoir été abandonné, il pousse avec énergie une porte qui résistait et trouve neuf cadavres étendus dans des poses effrayantes : « Leur tête à tous a éclaté; dans une chaise est assis un vieillard qui, lui, me regarde d'un regard atroce; il a le ventre ouvert, les intestins qui pendent ! »

Le déblaiement a fait trouver sous une énorme épaisseur de cendres des centaines de cadavres noirâtres qu'on dirait avoir été plongés dans du goudron brûlant. Nombre d'entre eux n'ont pas été atteints par le feu du volcan. Il y a des maisons et des constructions en bois qui n'ont pas été touchées par les flammes.

Des corps sont carbonisés, d'autres brûlés superficiellement, d'autres à peine touchés. Dans une maison, on s'approche d'un cadavre qui a conservé son aspect naturel ; mais à peine y a-t-on mis la main que la peau se détache du corps. Un douanier est retrouvé intact, axphyxié sous un canot qu'il avait retourné pour se préserver. Au Prêcheur, les soldats aperçoivent une jeune fille blanche, encore vivante, qui jette des cris et montre un bras carbonisé. Malgré la pluie de cendres et de pierres, on arrive à la dégager et à l'embarquer.

Les objets peuvent aussi nous instruire.

Au bord de la mer, le phare de la place Bertin a été rasé à trois mètres de hauteur comme par une trombe, sans traces de feu. L'explosion du 20 mai enleva ce qui restait du socle, nivelant tout et transformant les ruines mêmes en poussière.

Le morne d'Orange portait, à son faîte, une colossale statue, en fonte, de la Vierge Marie. Cette statue a été lancée à trente pas en arrière et on l'a retrouvée couchée sur le ventre, la tête vers le volcan.

Dans la ville, les murs ont été renversés ; dans la campagne, les arbres arrachés, tordus, ou rasés comme par une trombe. Les quais ont été enlevés en plusieurs places. Tandis que les faubourgs largement découverts du Nord, Fonds-Coré, Trois-Points, ainsi que les quartiers du Fort et du Centre, plus rapprochés du volcan, étaient complètement rasés, on voyait encore se dresser sur les ruines du quartier du Mouillage quelques pans des grands édifices, cathédrale, hôtel de ville, lycée, hôpital avec son horloge arrêtée à 7 h. 50, comme pour fixer l'heure précise du passage de la trombe, pans de murs renversés plus tard par l'éruption du 20 mai qui acheva l'œuvre de destruction en faisant de toute la ville anéantie un immense désert de cendres.

A l'ambulance, des lits ont été projetés sur une grande muraille, les fers tordus sans trace de feu, quoique tout ce qui était étoffe eût disparu.

Le spectacle du désastre est terrifiant. Un correspondant de l'*Illustration*, qui est allé là, le 30 mai, après les deux grandes éruptions, M. Remy Saint-Maurice, écrit : « Mon sang se fige ; je chancelle dans un vertige d'effroi. Nul vocabulaire humain ne peut rendre l'atrocité du tableau. C'est quelque chose de fantastique, de spectral, un paysage lunaire. J'ai la vision de la planète éteinte, de l'astre mort sur lequel m'amènerait vivant le plus affolant des cauchemars. Tout n'est plus qu'une immense nappe de cendres, boursoufflée d'ondulations innombrables qui semblent précéder autant de fissures menaçantes. Au fond le volcan se dresse, encapuchonné de fumée. Par instants on découvre sa crête qu'a déchirée et comme fendue l'ouverture d'un triple cratère ; des troncs d'arbres, tous couchés dans la même direction, du nord au sud, jonchent le quai. A l'emplacement des anciennes rhumeries, des cylindres de machines tordus, mâchés. Où s'élevait l'église du Centre il y a une sorte de préau rectangulaire : deux cloches au milieu, horizontales. »

D'après un horticulteur du morne Rouge, bourg situé à sept kilomètres de Saint-Pierre, la montagne, à l'instant même de la catastrophe, présentait sept points lumineux. Ce témoin a eu l'impression d'être invinciblement attiré vers le volcan par un courant d'air. La montagne s'entr'ouvrit et jeta un tourbillon sur Saint-Pierre.

Le phénomène s'est accompli avec une telle rapidité que l'on ne peut s'en rendre compte. Il y a eu une poussée énorme de gaz produisant une pression atmosphérique considérable, chassant et renversant tout sur son passage, puis raréfaction de l'air et poussée en sens contraire vers le volcan, puis combustion immédiate.

Nous reproduisons ci-dessous un dessin explicatif présenté par M. Ch. Vélain dans la *Revue scientifique* (21 juin 1902), montrant le volcan avec sa crevasse latérale, d'après un croquis pris trois jours après l'explosion du 8 mai, par

M. Aureslain, professeur de dessin à Saint-Pierre.

Toutes ces descriptions nous mettent sous les yeux le phénomène volcanique tel qu'il s'est passé. Saint-Pierre a été détruit non par une

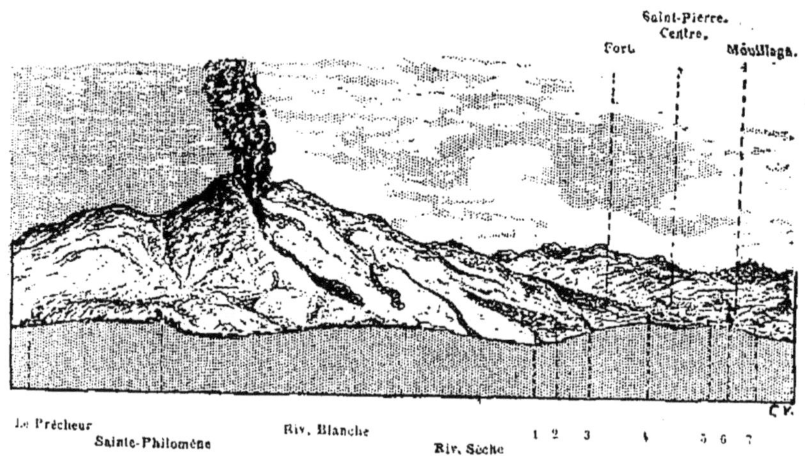

Fig. 19. — La montagne Pelée et ses environs.

1. Fonds Coré.
2. Ancienne batterie.
3. Ravin des Pères.
4. La Roxelane.

5. Phare.
6. Cathédrale.
7. Lycée.

pluie de lave, de cendres ou de scories enflammées, mais par une trombe de gaz lancée avec une violence inouïe et qui développa tout à coup une température extraordinaire. Il y a eu mort immédiate par asphyxie.

Quel était ce gaz ?

Les effets observés évoquent ceux du grisou, et l'on a pu supposer que des hydrocarbures saturés (sinon absolument du méthane) ont été vomis par l'explosion qui venait de déchirer le cratère précisément dans la direction de Saint-Pierre.

Les témoins qui ont vu cette trombe de produits volcaniques se précipiter sur la malheureuse ville, ceux qui l'ont reçue en rade ou à quelque distance la comparent à un cyclone de fumée et de feu, à une masse gigantesque se précipitant, roulant, avec une vitesse vertigineuse, ou à un effroyable jet de flammes. L'impression ressentie aux communications téléphoniques est celle d'un effondrement subit, causé par un gaz détonant. L'électricité a été en jeu, mais comme effet de l'éruption et non comme cause ; c'est ce que l'on observe aussi, à un degré moindre, dans les ouragans et dans les trombes.

La montagne volcanique s'est entr'ouverte latéralement par une immense crevasse qui a vomi du gaz avec une poussée formidable.

Les victimes paraissent avoir succombé instantanément à une sorte d'énorme coup de grisou et ont péri, brûlées intérieurement, pour avoir, suivant l'expression des mineurs des mines de houille, *avalé le feu*.

Il faut se représenter le grisou comme une flamme chassée avec violence du point où a éclaté le coup : malheur à l'ouvrier qui respire cette flamme ! S'il n'est pas tué, il meurt quelques jours après l'accident.

La dilatation qui se produit est bientôt suivie d'un second choc dû au vide amené par la condensation.

Un des effets de l'explosion du gaz de mines est de noircir et de cuire la peau des malheureux qui sont atteints : celle-ci s'enlève facilement.

Ceux qui échappent à la mort, sur le coup même, succombent quelques jours après s'ils ont, comme on dit, *avalé le feu :* s'ils ne l'ont pas avalé, ils ont respiré de l'oxyde de carbone

23.

qui les anémie, ou les affaiblit souvent pour tou-jours.

La tempête de gaz enflammé, quel que soit ce gaz, a été l'agent de mort principal dans la catastrophe de la Martinique. Les observations médicales de M. Rozé (p. 202-206) conduisent à la même conclusion.

Le soufre, avec ses produits, paraît avoir été étranger au coup fatal, car aucun témoin ne parle d'odeur d'acide sulfureux ou de quelque combinaison de cet ordre. Cependant, avant la catastrophe, on avait remarqué à la Martinique comme à Saint-Vincent et à la Dominique la présence du soufre.

A Saint-Vincent, 232 personnes ont été asphyxiées dans la première journée par des vapeurs méphitiques filtrant dans les maisons. A Turema, Orange-Hill et Lot, 14 usines importantes ont été détruites de fond en comble ; tout le bétail de la région est mort empoisonné par des vapeurs volcaniques. Des milliers de personnes ont été brûlées plus ou moins grièvement par la chute des pierres et cendres brûlantes vomies par la soufrière.

On le voit, il y a eu là un réveil volcanique général de toute cette région et ce réveil paraît s'être étendu fort loin.

Certains géologues rejettent avec dédain l'explication de la catastrophe par un coup de grisou, et sans doute ne devons-nous en parler ici qu'à titre de *comparaison*. La cause de l'explosion n'est évidemment pas superficielle, mais profonde, provient des couches en fusion de l'intérieur du globe et est en relations avec les sources des volcans de Guatemala et du Venezuela qui ferment à l'Ouest et au Sud cette immense cordillère.

Mais nous ne pouvons pas ne pas admettre qu'il n'y ait eu là projection violente d'un gaz brûlant qui a *asphyxié* et *incendié*, et, de plus, agi comme une *trombe dévastatrice* d'une force prodigieuse sur les points où sa puissance mécanique s'est exercée. La chaleur inouïe peut avoir provoqué une coagulation instantanée du sang, comme on l'a observé lors de l'incendie de l'Opéra-Comique. Le phénomène présente un multiple aspect et a produit les résultats les plus variés, sans compter ceux qui ont été dus à un développement subit et formidable d'électricité.

Ce n'a pas été simplement une projection d'eau brûlante, quoiqu'il y en ait eu.

Si nous voulons résumer, en terminant, les causes du désastre des Antilles, nous voyons que l'explosion de la montagne Pelée a été produite, comme toutes les éruptions volcaniques, par la force de la vapeur d'eau en pression au fond du cratère. Cette pression, de plusieurs milliers d'atmosphères, a lancé dans l'espace les produits volcaniques qui bouillonnaient dans cet enfer. Elle s'est annoncée d'abord, dès le 25 avril, par l'ouverture d'une cheminée lançant une épaisse colonne de fumée mélangée de cendres et de pierres projetées à la hauteur de 300 à

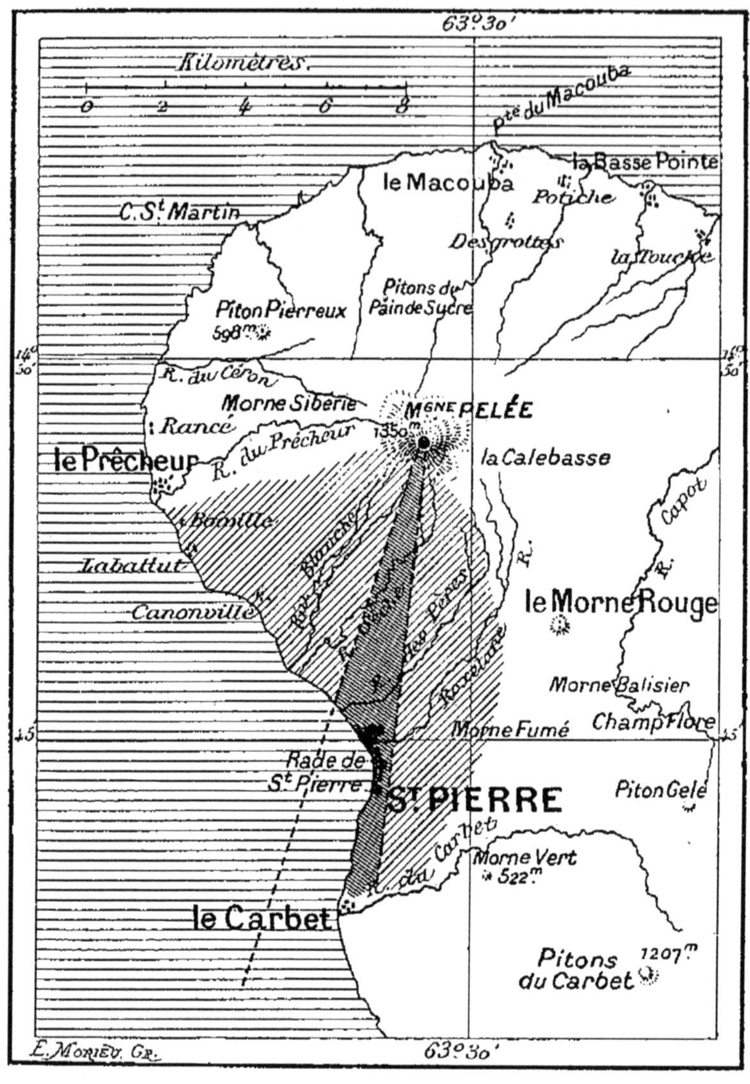

Fig. 20. — Direction du jet de destruction du 8 mai.

400 mètres. Frémissement du sol du 22 avril au 2 mai. Le 2 mai au matin, pluie de cendres plus accentuée que la première, crevasses ouvertes sur tout le versant de la montagne, laissant échapper des vapeurs sulfureuses, et le soir nouvelles éruptions plus violentes, avec détonations et manifestations électriques ; pendant la nuit, flammes volcaniques et nouvelle pluie de cendres et de pierres. Le 3, l'atmosphère est imprégnée de poussières qui la voilent. Le 4, éruption formidable, fumées, cendres, puis torrents de boue brûlante descendant les pentes de la montagne et détruisant tout sur son passage. Perturbations volcaniques dans toute la région, notamment à Saint-Vincent. Le 6 et le 7, grondements éffroyables, pluies de boue, fumées immenses au-dessus du cratère, orage volcanique et flammes ; une partie de la population se dispose à fuir, mais une autre partie est plus optimiste et espère que le monstre va se calmer. On se prépare même, dit-on, à chanter un *Te Deum* le 8, jour

de l'Ascension, pour remercier Dieu d'avoir épargné la population. Mais précisément ce jeudi 8, à 7 h. 50, nouvelle éruption, soudaine, effroyable. D'abord une agitation fébrile du sol qui consterne et terrifie ; aussitôt après, une sorte de gémissement funèbre sortant des gouffres du cratère, puis un cri féroce, épouvantable de la Nature, un gigantesque éclair embrasant le ciel, la montagne s'ouvrant de haut en bas, une trombe lourde et rapide lancée juste sur la ville, à plus de 8 kilomètres du cratère, s'abattant sur elle, étouffant, suffocant, asphyxiant toutes les respirations. En quelques secondes, tous les êtres vivants ont dû succomber. Était-ce là un simple effet mécanique dû à la violence du jet; comme dans les trombes et ouragans atmosphériques? Non, sans doute, car cette trombe avait à peine fait son œuvre, qu'une immense nappe de feu s'étendait sur la ville au milieu d'une titanique canonnade de tonnerres. Les hommes et les femmes affolés qui avaient essayé de se sauver furent carbonisés sur place. Tout le drame s'était accompli en trois minutes.

Il y a eu là un *gaz brûlant* lancé, jet rectiligne, un peu en éventail, avec une intensité inouïe et dont la direction a pu être exactement tracée sur la figure précédente, d'après l'ensemble des observations. Le cratère de vomissement du jet destructeur s'est malheureusement ouvert juste sur la direction de Saint-Pierre : un angle de quelques degrés, à gauche ou à droite, aurait suffi pour sauver la ville.

Les effets les plus violents se sont produits dans l'axe central du jet.

En même temps, le sol et la mer étaient agités, secoués, torturés, et d'énormes vagues venaient balayer les plages, emportant ceux qui avaient tenté de s'échapper du côté de l'océan, mais qui déjà n'étaient plus que des morts.

Il y a certainement eu aussi de vastes commotions sous-marines. « Le 7 mai au matin, écrit M. Berté, médecin du *Pouyer-Quertier*, nous naviguions au milieu d'un nuage de cendres et recherchions le câble rompu. Vers 2 heures de l'après-midi, nous entendîmes comme une canonnade et nous pensâmes que c'était le *Suchet* qui faisait des tirs. Cette canonnade se prolongea jusqu'aux approches de 4 heures. Le commandant fait mouiller une bouée-marque pour servir au dragage du câble. Cette bouée est entraînée avec une vitesse de 3 nœuds, ce qui nous révèle des courants tout à fait anormaux. On mouille une seconde bouée, la plus grosse de celles que nous possédons à bord. Elle coule à pic instantanément : c'est un fait sans précédent. Que se passait-il au-dessous de notre bateau par cette profondeur de 2600 mètres, la veille de la catastrophe qui devait détruire Saint-Pierre?

« Les détonations, nous en avons maintenant la certitude, étaient produites par des explosions sous-marines. Quand, quelques jours plus tard, nous retrouvâmes les deux bouts de notre câble, ils étaient tordus en tire-bouchon, convulsés, emmêlés par une force prodigieuse, dont nul ne peut définir la nature, et, phénomène plus surprenant encore, une partie de ce câble, dont l'enveloppe textile avait été arrachée, s'enroulait autour d'une énorme branche de bois vert, du bois de montagne fraîchement immergé. Comment cette souche se trouvait-elle sous 8000 pieds d'eau, à 16 kilomètres des côtes ?!... »

L'orage, les éclairs, l'électricité ont été en jeu dans le cataclysme. Certaines descriptions des témoins oculaires semblent copiées sur celles de l'éruption du Krakatoa : il n'y a que les noms de changés. Le contre-coup magnétique s'est fait sentir jusqu'en Europe : les appareils des observatoires l'ont enregistré, à Londres, à Athènes comme à Paris.

L'éruption fut si soudaine, le tourbillon de feu qui se jeta sur Saint-Pierre fut si rapide, que les vaisseaux à l'ancre dans le port ne purent s'échapper et brûlèrent en même temps que la ville.

Il est difficile d'imaginer cataclysme plus formidable, tuerie plus sinistre et plus atroce. Sans doute Sodome, Gomorrhe, Pompéi, Herculanum, les villes du détroit de la Sonde, ont subi le même sort, et même cette dernière catastrophe de Java, due à l'explosion du Krakatoa, a été de beaucoup plus violente encore, comme on peut le voir dans la première partie de ce livre. Mais jamais peut-être l'étouffement subit de milliers d'humains n'a été aussi terrible, aussi inexorable.

L'avenir de la Martinique n'est sans doute pas compromis par ce désastre; mais il serait prudent de choisir désormais les meilleurs points à habiter, d'abandonner Saint-Pierre, le Prêcheur, le Carbet et tout le Sud de l'île, comme séjours d'habitation, et de s'établir au Nord et à l'Est, à partir de la Trinité, ce qui serait préférable également au point de vue du parcours désastreux des cyclones.

Cette catastrophe nous montre une fois de plus que, malgré son ancienneté, notre globe ne possède pas encore une surface absolument stable. En fait, il n'y a pas un seul jour sans tremblement de terre, ici ou là.

En France seulement, nous en avons toujours au moins une douzaine par an : mais heureusement sans gravité. Les régions les plus stables sont celles du Nord, celles des terrains qui ont gardé leur horizontalité. Paris est l'un des points les plus fixes, étant posé sur un matelas de craie de 500 mètres d'épaisseur. Il n'est accessible ni aux mouvements volcaniques, ni aux mouvements orogéniques, si ce n'est par répercussion, comme écho très amorti de trépidations lointaines. On n'en pourrait dire autant du Sud-Ouest et du Sud-Est. Il n'est pas impossible non plus que l'un des volcans d'Auvergne se réveille quelque jour : cependant la mer est maintenant assez loin d'eux pour rendre cette prévision improbable; l'eau de leurs lacs ne paraît pas jouer un rôle important, puisque tous les volcans en activité sont dans le voisinage de la mer.

Ces cataclysmes jettent le deuil sur l'humanité entière. Le jour viendra peut-être où la Science, qui déjà en a découvert les causes, saura prévoir assez à temps ces convulsions du sol pour permettre d'éviter ces douloureux et irréparables sinistres. Jusqu'à présent, tout ce que l'on a écrit sur ces prévisions, notamment ce qui concerne les périodicités lunaires, me paraît extrêmement douteux. Ainsi par exemple, la catastrophe de la Martinique a coïncidé avec la nouvelle lune, et l'année 1902 est une époque où notre satellite est assez proche de l'équateur : le soleil et la lune étaient même au-dessus de la latitude de la Martinique au moment de la catastrophe et il y a eu éclipse de soleil ce jour-là. Mais l'éruption du Krakatoa, beaucoup plus puissante (arrivée en déclinaison lunaire analogue), s'est produite le jour du dernier quartier. L'éruption du 20 mai, très violente, a eu lieu deux jours avant la pleine lune. Ni les sizygies, ni les périgées, ni les époques de grandes marées, ni les déclinaisons ne correspondent d'une manière satisfaisante pour permettre aucune conclusion.

Mais ce n'est pas une raison pour ne pas chercher. Cette dramatique catastrophe portera son enseignement. Continuons d'étudier, et mettons notre espoir dans la Science, qui nous a donné tout ce que nous avons et tout ce que nous savons, et sans laquelle nous en serions encore à l'âge des troglodytes. Travaillons. Étudions.

LES

TREMBLEMENTS DE TERRE

Sur quoi marchons-nous? Le sol sur lequel nous vivons est-il stable et pouvons-nous nous fier avec une confiance absolue à la sécurité apparente qu'il nous offre? Que sont ces secousses qui de temps en temps semblent ébranler la Terre jusque dans ses fondements, passent comme un frisson de mort sur la planète et ne laissent après elles que des deuils et des ruines? Telles sont les questions que chacun se pose, en notre ère de curiosité scientifique, lorsque des phénomènes tels que l'éruption du Krakatoa ou

la destruction de Saint-Pierre (Martinique) où des
tremblements de terre comme ceux qui se sont
récemment produits en Italie, à Ischia, en Ligurie,
à Menton et Nice, en Espagne et ailleurs, semblent remettre en suspens toute notre confiance
instinctive en la stabilité du globe. Nous allons
décrire ces phénomènes, comme nous venons de
le faire pour les cataclysmes de Java et de la
Martinique, d'après les récits des témoins oculaires. Ce sont là en quelque sorte des romans
dramatiques offerts à notre attention et racontés
par la nature elle-même.

I

LE TREMBLEMENT DE TERRE D'ISCHIA

(28 juillet 1883).

Ischia, l'île voluptueuse qui sommeillait, mol-
lement étendue sur les flots bleus du golfe de
Naples, Ischia, dont le nom a charmé nos rêves
adolescents lorsque le poétique auteur de *Gra-
ziella* nous berçait dans la cadence de ses rimes
enchanteresses, Ischia, secouée par une convulsion du sol, devint du jour au lendemain un lugubre cimetière, empoisonné d'émanations cada-
vériques.

Par une douce et belle soirée, le 28 juillet

1883, tandis que ses charmantes petites villes étaient en fête, que les théâtres se remplissaient de spectateurs, et que, dans les salons et les boudoirs, la musique aux ailes frémissantes laissait envoler ses harmonies dans le mystérieux songe d'une nuit d'été, un effroyable coup de tonnerre retentit dans les profondeurs du sol, une commotion formidable secoua l'île, un tourbillon de poussière s'éleva dans l'atmosphère ; en quinze secondes, la population se trouva ensevelie sous un monceau de ruines. La ville de Casamicciola, villégiature et station thermale de l'île, s'était écroulée tout entière : églises, bains, théâtre, hôtels, maisons, tout, absolument tout, s'est effondré sur les habitants ; pas une seule maison n'est restée debout. Près de deux mille (1 992) êtres humains furent écrasés. A part quelques exceptions, les seules personnes dont la vie soit restée sauve, sont celles qui se trouvaient à cette heure-là ($9^h 50^m$) hors de demeures, dans les promenades écartées ou sur les bords de la mer.

Outre Casamicciola, toutes les localités de l'île ont été atteintes. Forio s'est également écroulée tout entière. La ville d'Ischia a gravement souffert; Lacco Ameno fut entièrement détruit; Porto d'Ischia a été très éprouvé; l'île de Procida a été ébranlée. Le nombre total des victimes s'élève à 2443. Le tremblement de terre s'est fait sentir jusqu'à Naples. Le lendemain, l'atmosphère est restée toute troublée. Pour la première fois depuis trois mois, la pluie tomba sur le golfe, pluie diluvienne accompagnée d'orages.

Quelle plume saurait décrire l'épouvantable confusion qui suivit le désastre? Le Dante, dans son voyage aux enfers, n'a pas rencontré de pareilles horreurs. Herculanum et Pompéi, lentement ensevelies sous la pluie de cendres du Vésuve, n'ont pas présenté un spectacle aussi dramatique que cette brusque et terrifiante surprise. Nous résumerons ici l'ensemble des récits qui nous furent adressés le lendemain de la catastrophe.

Pendant toute la nuit, on n'entendit que plaintes déchirantes et gémissements lugubres. La population affolée désertait les maisons, poussait des cris épouvantables, se cherchait dans l'obscurité et se précipitait vers le rivage dans un désordre inénarrable. C'était à qui se jetterait le premier dans les barques de pêcheurs amarrées dans les criques de l'île.

Un témoin de la scène, qui se trouvait au théâtre de Casamicciola au moment de la catastrophe, en a donné la description suivante :

« Il était à peu près neuf heures un quart, quand un de mes amis me proposa d'aller au théâtre.

« Le rideau fut levé à neuf heures et demie, mais à peine avions-nous entendu les premiers mots de la comédie, que nous ressentîmes une secousse terrible. Je fus jeté à plusieurs pieds en avant et tombai tout de mon long. Imaginez-vous en même temps un vacarme assourdissant, comme celui que produirait un train lourdement chargé et passant à toute vitesse sur un pont de fer. Pendant la secousse, le sol s'éleva pour s'affaisser ensuite, comme les flots de la mer pendant une tempête.

« Ce qui survint ensuite, je ne saurais le dire. Tout ce qui s'est passé pèse sur moi comme un cauchemar, comme un songe horrible. Ce que je me rappelle seulement, c'est que nous étions tout un troupeau d'êtres humains entassés; que les lampes à pétrole, en tombant, avaient mis le feu aux sièges, que nous nous efforçâmes, pendant un moment, d'éteindre l'incendie, et qu'ensuite nous nous précipitâmes dehors comme un torrent. Ce que je me rappelle encore, c'est que, m'appuyant à un tronc d'arbre, je levai les yeux, et je vis que toutes les branches étaient couvertes d'êtres humains.

« Des morceaux de bois étaient empilés près du rivage pour allumer des feux afin de demander du secours. Je vis autour de moi une foule qu'il est absolument impossible de décrire, des femmes et des vieillards en toilette de nuit, et des enfants tout nus. Les femmes, à demi vêtues, avec des torches dans les mains, se précipitaient en pleurs et comme des furies au milieu des ruines, appelant à grands cris ceux qu'elles avaient perdus, et courant à chaque personne qu'elles rencontraient, lui demandant avec d'é-tranges éclairs dans les yeux : « Avez-vous vu mon mari? Avez-vous vu mon fils? »

Un autre survivant raconte qu'au moment de la secousse, il jouait aux cartes dans sa chambre de l'hôtel Sauvet. Les lampes qui éclairaient la chambre s'éteignirent, et il put, par miracle, se sauver dans le jardin. L'obscurité ne lui permettait de rien voir.

Pendant toute la nuit, il n'osa faire un pas ; on n'entendait que des cris implorant du secours. A l'aube, il tenta de descendre vers le rivage.

Çà et là sortaient de tous les décombres des membres humains qui s'agitaient dans les con-

Fig. 21. — Le tremblement de terre d'Ischia.

vulsions de l'agonie ; un bras, une jambe, une épaule, parfois une tête à demi écrasée !

Il réussit à sauver deux enfants.

Il avait entendu, durant la nuit entière, au milieu des lugubres lamentations de la ville ensevelie, un gémissement continuel, la voix d'une femme qui criait : « Mes enfants ! mes enfants ! »

A l'aube, il vit cette femme, en chemise, sur un fragment de terrasse resté debout ; elle répétait toujours son cri navrant : « Mes enfants ! mes enfants !... » Elle était devenue folle.

Une autre scène n'est pas moins émouvante.

En poursuivant son chemin, il vit sortir de dessous les décombres une épaule cassée de femme et une main gantée couverte de bagues.

Cette femme était adossée à son mari, qui, d'une voix lamentable, à travers des monceaux de ruines qui le cachaient entièrement, criait : « Sauvez-la ! Ne vous occupez pas de moi ! »

Le témoin s'approcha de ce groupe, et reconnut dans la femme à demi écrasée une très belle dame égyptienne qui demeurait en face de l'hôtel Sauvet. Il lui tendait la main et essayait d'enlever les pierres, lorsqu'un éboulement se produisit et rendit tous ses efforts inutiles.

A ces détails, nous pouvons ajouter les suivants, dus à d'autres correspondants :

« En débarquant dans l'île, le lendemain de la catastrophe, écrit un visiteur, on est véritablement stupéfié de l'aspect de la pauvre ville. Toutes les maisons du quai n'ont plus qu'un pan de façade. L'intérieur est écroulé. Le clairon sonne sinistrement l'appel des pompiers, qui descendent à terre. Un navire de l'État, au moyen d'un tube de toile, apporte de l'eau potable à cette île extraordinaire où il ne pleut presque jamais, où la magnifique végétation est entretenue seulement par les vapeurs souterraines.

« Ce ne sont que des cris de désespoir, des appels à la miséricorde divine : *Maria santissima! Gesu! Anime del Purgatorio!*

25.

« Mon compagnon et moi, nous passons sous la voûte lézardée de l'octroi de la ville. La route monte, encombrée de décombres, les maisons sont écroulées, quelques pans de murs subsistent encore, menaçant les survivants. Deux sœurs de charité passent, portant des cordiaux. Nous enjambons trois cadavres de paysans, la face écrasée, puis un gendarme et un garde à moitié recouverts de pierres.

« Quelques habitants descendent précipitamment, emportant leurs matelas sur leur dos. Au milieu de la rue, un pauvre cheval agite une jambe brisée qui se balance à droite et à gauche. De quelque côté que nous regardions, c'est comme un perpétuel cauchemar.

« A ce restaurant en plein air, où peu de jours auparavant nous nous étions reposés, nous ne retrouvons que deux blessés et un mort.

« Nous montons toujours vers l'hôtel de la *Piccola Sentinella*. A quelques pas en avant, nous voyons le propriétaire dans une vigne, entouré de quatre blessés, étendus sur des matelas, et une pauvre femme moribonde.

« Que pouvons-nous faire pour vous? lui disons-nous.

« — Envoyez-nous de l'eau et des brancards! »

« Et, d'une voix lamentable, il nous raconte la catastrophe.

« Nous montons jusqu'à la pension Sauvet, et nous apprenons avec un bonheur indicible que nos amis ont échappé à la mort et sont repartis pour Naples.

« De la rue qui monte à pic au centre de la ville, nous jetons un coup d'œil au-dessous de nous.

« J'ai assisté à des combats, j'ai parcouru des champs de bataille, j'ai entendu les plaintes des mourants et des blessés, j'ai vu l'incendie de Paris pendant la Commune. Je croyais avoir assisté aux scènes les plus horribles que présente l'humanité. Je m'étais trompé, ce n'était rien en comparaison du spectacle qui se déroulait sous nos yeux.

« La ville entière a disparu. C'est une plaine de ruines. *Il ne reste pas une seule maison.*

« A notre droite, sous des figuiers, deux vieillards, mari et femme, étendus moribonds, entourés de leurs enfants et petits-enfants.

« Au milieu de la rue, j'assiste à une scène que je n'oublierai de ma vie. Un vieillard étendu, appuyé à un pan de mur écroulé, le crâne aplati, sanglant, sur lequel des nuées de mouches vont se repaître. A droite, trois moribonds étendus dans la poussière, tournant leurs yeux déjà presque obscurcis par la mort, vers le milieu du chemin, et debout, tête nue, un vieux prêtre récitant la prière des agonisants, et donnant la suprême absolution : « *Padre mio*, disait de sa voix « expirante le vieillard au crâne brisé, *Vi con-* « *fesso tutti i miei peccati.* (Je vous confesse tous « mes péchés.) »

« — *Va en paix, mon ami, Dieu te pardonne.* »

« Et il lui impose les deux mains sur la tête.

« Nous entendons rire derrière nous : ce sont deux femmes devenues folles de terreur !

« Nous descendons, en passant par-dessus les cadavres et les monceaux de décombres. Les superbes établissements de bains Manzi, Gurge-tiello, Belliazzi n'existent plus ; quelques habitants encore vivants sont là, inertes, ne s'occupant plus de rien, hébétés, comme des gens qui ont perdu la raison.

« Nous arrivons au magnifique établissement créé par les anciens rois, sous le nom de *Monte della Misericordia*, pour faire prendre les bains minéraux aux enfants pauvres, scrofuleux. Tout est écroulé, pas un mur debout.

« Parmi les pierres, on aperçoit une chevelure et l'on croit entendre un soupir. Immédiatement, chacun travaille, et, peu à peu, on découvre une pauvre femme, complètement ensevelie sous les décombres, mais respirant encore après dix-sept heures. On l'emporte sur une table. Elle ouvre ses yeux injectés de sang, les paupières

sont violettes, les bras, les pieds couverts de con-
tusions et de déchirures. On ne pouvait l'abandonner, et cependant aucun brancard pour la
porter. Dans le rez-de-chaussée de l'hôtel Manzo,
on aperçoit un lit; on y place la pauvre blessée,
que nous emportons au port : là, nous la faisons
embarquer, avec le lit, sur le vapeur *Tifeo*. »

L'épouvantable tragédie du 28 juillet a eu un
signe caractéristique : elle a desséché les sources des
larmes. Les survivants paraissaient insensibles.

Leur douleur ne se manifestait point par
les sanglots, comme dans les malheurs ordinaires : la grandeur de l'infortune les avait pétrifiés.

Ils parlaient de leurs morts comme d'une
chose indifférente. On s'entretenait du nombre
de parents perdus comme à la Bourse du taux
de la rente.

Une seule sensibilité leur était restée : celle
des nerfs. Ils ne pouvaient plus entrer dans une
maison ; ils avaient peur de dormir seuls.

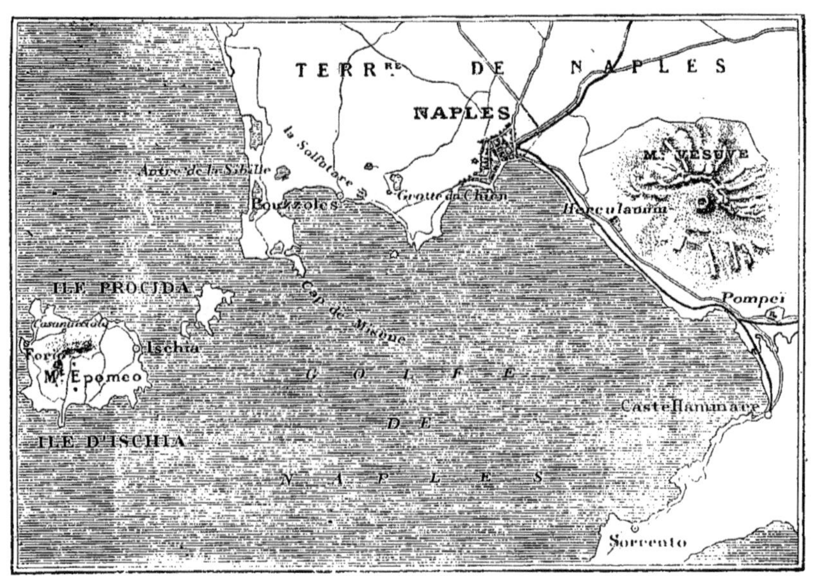

Fig. 22. — Le golfe de Naples.

A l'hôpital de Naples, lorsque le canon de midi fut tiré, tous les blessés de Casamicciola, même les mourants, tressautèrent dans leur lit. C'est qu'une détonation comme celle du canon a été le signal de la catastrophe. Après le tonnerre, une secousse, un tourbillon de pierres, — la sépulture !

Plusieurs personnes sont devenues folles. Les sources chaudes, qui avaient été détruites par les débris, recommencèrent ensuite à couler avec une force extraordinaire. Leur eau était presque bouillante.

Détail curieux : à l'hôtel de la Sentinelle, le soir de la catastrophe, un Anglais jouait dans le salon la marche funèbre de Chopin. Un Italien sortit en disant qu'il ne pouvait entendre cette musique jouée de cette façon. Il fut seul sauvé de tout l'hôtel, car, peu d'instants après, la maison s'écroulait, et le pianiste et tout son auditoire étaient tués. On a retrouvé le corps du dilettante. Il était assis au piano, ses mains étendues sur le clavier, ses doigts indiquant presque les notes interrompues par l'effondrement des étages supérieurs, et sa tête écrasée sur le cahier de musique ouvert devant lui. La mort avait été instantanée.

L'église de la ville s'est écroulée entièrement et le clocher s'est couché de tout son long sur les décombres; le cadran de l'horloge marquait neuf heures cinquante minutes, l'heure à laquelle a été ressentie la première secousse. Un petit théâtre en bois est resté debout, et une centaine de personnes, qui s'y trouvaient ont pu se sauver. L'affiche rouge, encore intacte sur la porte, annonçait les *Brigands*, d'Offenbach, et une farce italienne qui, par une coïncidence singulière, commence par la parodie d'un tremblement de terre!...

A. Panza, les maisons furent presque toutes renversées; mais il n'y eut que trente morts, parce qu'au moment du tremblement de terre, la population était dehors, accompagnant, suivant l'usage, le viatique porté à deux malades.

« Les habitants, écrivait-on à la date du 1er août, sont très surexcités, parce que, disent-ils, la statue de San-Leonardo, protecteur du pays, qui avait été transportée de l'église en ruines dans une chapelle voisine, a été trouvée, hier matin, pleurant. On lui a essuyé les yeux, et elle continue de pleurer. La population est persuadée qu'il y aura un nouveau tremblement de terre prochainement. »

A Forio, comme à Casamicciola, il a été impossible d'enterrer tous les morts. On a dû désinfecter les décombres en versant des sacs de chaux dans les ruines.

La circulation devint excessivement difficile, parce que les rues n'existaient plus : elles étaient obstruées par les ruines, et l'on voyait des places entièrement barricadées par les restes des édifices amoncelés. La ville est en amphithéâtre et les maisons se sont écroulées les unes sur les autres.

Quel inoubliable spectacle que celui de ces cadavres ensevelis ! On les découvrait par tas, groupés d'une façon horrible ; ceux dont on apercevait le visage avaient une expression de terreur et de souffrance indicibles ; ils étaient noircis par la décomposition qu'a accélérée la chaleur. A chaque pas, on rencontrait des tronçons de corps humains sortant de dessous les décombres, mélange de chair humaine et de plâtras.

Mais c'est assez de ces sinistres descriptions, qu'il importait cependant de fixer ici comme un souvenir.

A quelle cause est due cette terrible catastrophe ?

Évidemment à la constitution géologique de l'île, aux cavernes intérieures qui en traversent le sous-sol, aux sources d'eaux chaudes qui les désagrègent lentement, et sans doute aussi au voisinage du Vésuve et des champs phlégréens.

Il y a des tremblements de terre de diverses natures. Nous remonterons tout à l'heure aux causes générales.

Dans les régions volcaniques et thermales, les mouvements du sol, les tremblements de terre peuvent être produits par des opérations chimiques intérieures, par l'expansion des gaz auxquels elles donnent naissance, par les tassements du sol qui succèdent aux déplacements locaux internes. De l'air comprimé, de la vapeur d'eau étroitement emprisonnée, cela suffit pour remuer des montagnes.

Quelques dramatiques qu'ils soient au point de vue de l'humanité, les tremblements de terre ne sont que d'insignifiants mouvements au point de vue géologique. Ce n'est même pas un frisson dans l'épiderme de la planète.

Nous en étudierons plus loin les causes générales ; mais prenons encore connaissance des témoignages directs de l'observation de ces grands phénomènes, par les récents tremblements de terre subis en Espagne et en Ligurie.

II

LES TREMBLEMENTS DE TERRE DE L'ESPAGNE

(Décembre 1884).

Après les catastrophes lamentables d'Ischia et de Krakatoa, les tremblements de terre de la péninsule espagnole sont venus appeler de nouveau notre attention sur l'état d'instabilité de la planète où nous vivons. Il importe pour chacun de nous de ne rester étranger à aucun des événements importants de l'étude de l'Univers ; toutes les sciences se touchent ; dans la nature, il n'y a ni Astronomie, ni Météorologie, ni Physique, ni Chimie, ni Physiologie, ni espèces minérales, végétales ou animales; toutes les classifications sont dans notre esprit ; en réalité, l'étude de l'univers est *une*, et, tout en la considérant par ses divers aspects, notre but, inconscient ou connu, est de nous élever d'un degré de plus dans la connaissance de la réalité.

Déjà la statistique annuelle des tremblements de terre que nous publions régulièrement dans notre *Revue d'Astronomie populaire* a mis en évidence l'agitation incessante du sol de notre planète. Mais qu'est-ce que ces relevés dans l'ensemble du globe? Les trois quarts de notre planète sont couverts d'eau ; les solitudes glacées du pôle Nord comme du pôle Sud dorment inconnues ; une notable partie de l'Afrique et de l'Amérique reste encore sans relations avec le monde civilisé. Par conséquent, si déjà, nous arrivons à constater que pas un seul jour, pour ainsi dire, ne se passe sans tremblement de terre, comme il ne s'agit ici que des mouvements du sol assez intenses pour pouvoir être remarqués de tout le monde, nous devons en conclure que, non seulement pas un seul jour, mais pas une heure ne se passe sans que notre île flottante soit plus ou moins agitée dans sa propre constitution.

Les instruments destinés à enregistrer les mouvements du sol ne sont pas encore assez nombreux, assez disséminés à la surface des continents pour que la proposition qui vient d'être posée soit établie de fait. Mais nous pouvons la tenir comme incontestable d'après les bases incomplètes de la statistique seule.

Les 323 volcans actifs qui existent actuellement à la surface de la Terre ; la condensation graduelle et la diminution de volume du globe terrestre à mesure qu'il perd sa chaleur primitive originaire ; les rides et les plissements qui en résultent ; les affaissements de terrains produits par l'action de l'eau qui délaye et désagrège les couches souterraines ; les anciennes voûtes qui se disloquent et s'écroulent à la base des montagnes ; les décompositions chimiques qui se produisent dans les terrains houillers et dans les mines de sel ; les vapeurs qui se forment lorsque l'eau atteint les roches chauffées à une haute température et les efforts qu'elle fait pour s'échapper ; l'influence attractive de la Lune et du Soleil sur les couches liquides ou pâteuses qui peuvent exister à une certaine profondeur dans l'intérieur du sol ; les variations brusques de pression barométrique donnant tout à coup une plus grande intensité relative à la pression des vapeurs et des gaz intérieurs : ce sont là des causes distinctes qui agissent toutes pour modifier constamment la figure de la Terre et faire varier sans cesse la configuration de sa surface.

Nous ne pensons plus aujourd'hui que notre planète soit une fournaise incandescente, une boule de lave liquide recouverte d'une mince pellicule, un océan de feu sur lequel l'écorce solide flotterait comme un mince radeau. Plusieurs raisons ont modifié les opinions de la Science moderne à l'égard de cet important problème de la constitution intérieure de notre planète.

Arago, parlant, en pleine Académie des Sciences, le 16 décembre 1850, de la température excessive que devait avoir le centre de la Terre dans l'hypothèse discutée par Fourier et Poisson d'un accroissement d'un degré par trente mètres de profondeur, fait remarquer que cette température « surpasserait *deux millions* de degrés ; » que les matières soumises à cette température seraient, suivant Poisson, à l'état de gaz incandescent et qu'il en résulterait une force élastique à laquelle la croûte solidifiée du globe ne saurait résister (¹). Arago ne se décide pas lui-même, mais il revient sur le même chiffre dans son *Astronomie populaire*, où l'on peut lire la déclaration suivante : « Les matières de l'intérieur du globe, en admettant la proportionnalité de l'accroissement de la température avec la profondeur auraient, il est vrai, vers le centre, une température qui surpasserait *deux millions* de

(¹) ARAGO. *Notices biographiques :* Poisson, p. 643.

degrés (1. » Ce chiffre a été reproduit par un grand nombre d'ouvrages classiques sans qu'on se soit aperçu qu'il était le résultat d'une grave erreur, car il est tout simplement dix fois plus grand que le nombre qu'il prétend représenter. En effet, le rayon de la Terre est de 6 371 000 mètres. Or $\frac{6\ 371\ 000}{30} = 212370$, et non pas 2 000 000.

C'est, en nombre rond, à deux cent mille degrés, et non pas à deux millions, que devrait s'élever la température du centre de la Terre si l'accroissement se continuait régulièrement de la surface jusqu'au centre. Mais nous ne pouvons pas plus admettre le dernier chiffre corrigé que le premier, car, à ce degré de chaleur, l'intérieur du globe serait entièrement liquide, et, deux fois par jour, nous sentirions une marée formidable nous passer sous les pieds; la stabilité des continents et des mers serait compromise, les mouvements du sol seraient beaucoup plus intenses qu'ils ne le sont encore, et le mouve-

(1) ARAGO. *Astronomie populaire*, t. III, p. 252.

ment de précession et de nutation, causé par les attractions combinées de la Lune et du Soleil **sur** le renflement équatorial de notre planète, serait tout différent de ce qu'il est en réalité.

D'autre part, les considérations déduites de l'aplatissement du sphéroïde terrestre, de la densité moyenne du globe et de celle de ses couches extérieures, de la pression formidable (plusieurs millions d'atmosphères) que la planète subirait en son centre si elle était fluide, conduisent à conclure que la Terre doit être ou solide ou pâteuse, mais non liquide.

D'autre part encore, les observations thermométriques directes ne montrent pas, comme on l'enseigne parfois, un accroissement régulier et graduel de température à mesure qu'on pénètre plus profondément dans l'écorce du globe. Dans un exposé comparatif de toutes les observations faites, nous avons classé les résultats dans l'ordre proportionnel des accroissements, et l'on constate qu'en certains terrains, la proportion n'est que de

13, 15 ou 20 mètres par degré centigrade, tandis qu'en d'autres points, elle s'élève à 60, 70, 100 et même 109 mètres pour le même accroissement. La constitution des terrains joue un grand rôle non seulement dans la transmission, mais peut-être surtout dans la production de cette chaleur interne. Enfin la proportion de l'accroissement de température n'augmente pas avec la profondeur ; souvent même elle diminue, ce qui conduit encore à rejeter dans le domaine de l'hypothèse les hautes élévations de température adoptées.

C'est ce qui fait que nous ne pouvons plus aujourd'hui considérer notre planète comme un globe liquide incandescent enveloppé d'une mince écorce soumise à tous les effets de sa réaction intérieure, et ce qui rend moins simple et moins facile l'explication des tremblements de terre comme des volcans. Lorsque les volcans étaient regardés comme des cheminées ouvertes jusqu'à la fournaise intérieure, on pouvait voir

en eux des soupapes de sûreté contre l'explosion
de la chaudière, et lorsque ces soupapes étaient
fermées, les tremblements de terre n'étaient autres que les effets des efforts accomplis par la
pression intérieure contre les parois de l'immense chaudière. Désormais, les volcans ne viennent plus pour nous des profondeurs incandescentes du globe, mais de quelques kilomètres
seulement; leurs laves n'ont pas la haute température qui leur était attribuée, les tremblements
de terre qu'ils occasionnent sont locaux et de peu
d'étendue, et il y a des tremblements de terre
étrangers aux volcans, dont les causes doivent
être cherchées non pas dans la constitution intérieure de la terre, mais dans les phénomènes
géologiques qui sont en œuvre dans la modification incessante de l'écorce du globe et qui ont
agi et continuent d'agir dans la formation des
montagnes. Ce sont ces causes que nous avons
énumérées tout à l'heure.

Quelle est celle qui a été principalement en

œuvre dans les tremblements de terre de l'Espagne?

Les secousses ont commencé dès le 22 décembre. La première notification que nous en ayons reçue est datée des îles Açores et due à M. Francesco Chaves e Mello. « Le 22, à 2^h15^m du matin, nous écrit notre savant correspondant, j'ai ressenti à mon observatoire un violent tremblement de terre. Il s'est manifesté par deux secousses dont la durée totale a été d'environ quinze secondes. Il n'y a pas eu de désastres ni de victimes. Ce tremblement s'est fait sentir dans toutes les îles de l'Archipel des Açores ainsi qu'à Madère. Je me fais un devoir de vous adresser ces documents, pensant que peut-être il ne seront pas sans utilité. »

De Lisbonne, M. de Lacerta nous écrit que la secousse a été ressentie à 3^h25^m du matin et signale la coïncidence avec les grandes taches solaires visibles à l'œil nu et avec une tache remarquable sur Jupiter.

D'autres lettres nous apprenaient que ces
mêmes symptômes prémonitoires étaient remarqués à Vigo, à Pontevedra et dans presque tout
le Portugal ainsi qu'en Galice. Le 24, légères

Fig. 23. — Carte du tremblement de terre de l'Espagne.

oscillations à Séville. Ce n'étaient là que des
signes avant-coureurs d'un tremblement de terre
d'une violente intensité et dont les conséquences
devaient être terribles. Il commença le 25 décembre.

« La pemière secousse, nous écrivait M. Fédix
Vallaure, de Linarès, a eu lieu à $8^h 53^m$ du soir,
et la seconde à $11^h 44^m$. La première a été d'une
violence singulière. Sa direction semblait être de
l'Ouest à l'Est. Les vibrations durèrent plusieurs
secondes. Je me trouvais avec des amis dans la
salle à manger, lorsque nous entendîmes un
bruit pareil à celui d'une voiture qui s'approche.
Soudain une forte secousse nous balança, comme
dans un navire, mit en commotion avec grand
tapage le mobilier, verres, etc., et fit osciller la
lampe à gaz qui resta pendant vingt secondes à
peu près dans un mouvement oscillatoire très
marqué. Nous pensâmes tout de suite que la
maison allait s'écrouler, et pourtant nous prîmes
le temps de discuter s'il serait mieux de sortir
dans la rue que de rester enfermés. Nous nous
décidâmes pour l'affirmative, et, pendant tout ce
temps, le tapage et les vibrations continuaient.
Pour moi, je regardais ma montre afin de prendre
l'heure : j'ai compté six secondes pendant les-

quelles tout se mouvait, y compris nous-mêmes, après le temps déjà perdu pendant la discussion. Je ne doute point que l'onde (ou vague) souterraine n'ait passé instantanément, mais les vibrations qu'elle produisit durèrent assez longtemps. Une fois le tremblement fini, toute la ville fut sur pied, dans les rues et les places, chacun racontant les impressions. Il y a eu beaucoup de saisissements et de pleurs parmi les femmes. Des oiseaux sont tombés dans leurs cages. On signale quelques dégâts matériels dans les balcons, cheminées, plafonds, etc., mais heureusement pas de victimes. »

Linarès est très éloigné du centre d'ébranlement, situé près d'Alhama (voir la carte, p. 315). Si l'on examine l'ensemble de l'Espagne, on remarque, dans le sud de la Péninsule, une chaîne de montagnes qui part des bords de la mer, à Cadix, pour se diriger vers l'est sur Grenade, Murcie, Valence et les îles Baléares. Cette chaîne de montagnes est un massif de l'époque secondaire (terrains jurassique et crétacé) qui comprend, au Nord, Cadix, Xérès, Séville, Cordoue, Jaën, Linarès, Valence, et, au Sud, Antequerra, Malaga, Velez, Periana, Torroz, Almunacar, Motril, Alhama, Albunuelas, Jayena, Grenade et Capileira, dans la Sierra-Nevada. Ces couches sont plissées, contournées, brisées par de nombreuses failles, et souvent traversées par des roches éruptives anciennes et modernes. On y rencontre un très grand nombre de sources thermales. Les îles Baléares sont dans le prolongement de cette zone, et l'on remarque sur leurs côtes des saillies entre lesquelles il existe, à plus de 80^m au-dessus de la mer, du terrain quaternaire marin en couches horizontales. Ces îles ont donc, depuis la période quaternaire, été exhaussées de plus de 100^m, et cet exhaussement a été limité au Sud et au Nord par des fractures qui se trouvent précisément dans le prolongement des zones de dislocations dont nous venons de parler.

C'est à Alhama, à Albunuelas, à Périana, à

Albuquerque, à Arenas del Rey que les secousses ont été les plus désastreuses. La ville d'Alhama, qui était perchée comme un nid d'aigle sur le sommet d'une montagne escarpée, a été *entièrement* renversée. Le village de Périana a été écrasé par une montagne qui s'est éboulée sur lui. La première secousse, celle de $8^h 53^m$, qui a été l'une des plus violentes et a jeté la terreur parmi toutes les populations, a été suivie d'un grand nombre d'autres ; du 25 décembre au 18 janvier, il ne s'est peut-être pas passé un seul jour sans oscillations plus ou moins fortes. Cette première secousse a été ressentie jusqu'à Madrid, où elle n'a guère produit d'autre effet que de faire osciller les objets suspendus, et il paraîtrait même qu'elle s'est propagée jusque sous le sol de l'Angleterre et de la Belgique.

M. FOLACHÉ, Président de la *Société scientifique Flammarion* de Jaën, et M. ILDEFONSO GONZALEZ, Secrétaire de la même Société, ont bien voulu nous transmettre tous les documents relatifs à ce grand événement géologique. Nous résumerons aussi brièvement, mais aussi complètement que possible, ces descriptions si intéressantes à tous les points de vue, et parfois si dramatiques.

A Madrid, l'émotion fut légère. La journée avait été froide, mais belle et ensoleillée pour cette saison de l'année. La nuit était claire, toutefois moins étoilée que de coutume, et un vent glacial faisait hâter le pas aux rares passants. Bien des joyeuses réunions dans la capitale furent brusquement interrompues par les deux secousses qui se firent sentir, d'une façon très inégale, dans différents quartiers, à neuf heures moins sept minutes, et l'on put constater ensuite l'arrêt des pendules, dont la plupart cessèrent de se mouvoir au même moment.

« J'écrivais, cette nuit de Noël, dans mon cabinet, un instant avant neuf heures, dit un correspondant de cette Société, lorsque les oiseaux qui étaient en cage pressentirent avec leur merveilleux instinct, quelque chose d'extraordinaire, et instantanément comme touchés par une faible décharge électrique, ils tremblèrent, et, saisis d'épouvante, cherchèrent à sortir de leur cage.

« Étonné, et sans me rendre compte de la cause d'un tel tumulte, j'entendis, une seconde plus tard, un retentissement éloigné accompagné de coups de plus en plus forts, qui ressemblaient au bruit d'une voiture roulant sur une route inégale. C'est la première pensée qui me vint à l'esprit.

« Mais, comprenant que le bruit d'une voiture ne pouvait produire cette impression inconnue chez les oiseaux et chez moi, je pressentis que je me trouvais en présence d'un phénomène extraordinaire.

« Tandis que toutes ces idées s'amoncelaient confuses dans mon cerveau, il me sembla que ma vue se troublait : cette sensation était causée par l'aspect insolite du mouvement de tous les objets, mouvement occasionné par l'oscillation terrestre qui commençait. Quelques instants plus tard, elle fut si épouvantable qu'il était impossible de rester debout.

« Les lampes se balançaient comme le pendule d'une horloge, les clochettes sonnaient, les portes, les murs et tous les objets craquaient comme s'ils eussent été agités par un être vivant. Si mes sens ne me trompent, l'oscillation dura cinq secondes. »

La province de Grenade est celle qui a le plus souffert. Il y a eu plus d'un millier de morts dans cette seule province, et des blessés innombrables ; la ruine et la désolation furent partout répandues. A Grenade même, à la première secousse, un rédacteur d'*el Defensor* raconte qu'il se trouvait au journal à 8ʰ55ᵐ du soir, le 25, lorsqu'il sentit une rumeur sourde et prolongée qu'il attribua à la machine à imprimer. Bientôt il comprit la réalité par la trépidation des vitres et les oscillations de la lampe qui se mouvait comme un pendule (du Sud au Nord, en faisant un arc de cercle de 10° à 12°). Le premier mouvement fut oscilla-

Fig. 24. — Tremblements de terre de l'Espagne : les ruines d'Alhama.

toire et suivi d'une autre trépidation qui dura de 14 à 15 secondes. La maison frémissait d'une manière terrible. Tous sortirent précipitamment. Lorsqu'ils arrivèrent à la porte de la rue, le mouvement trépidatoire durait toujours. Il y avait sur la place beaucoup de monde, et tous les habitants avaient abandonné leurs demeures. Une clameur confuse, pareille à la rumeur des vagues, s'élevait dans toute la ville. Il serait impossible de dépeindre l'effroi qui se produisit alors. Au n° 6 de la rue San-Geronimo, habitaient plus de trente familles. Lorsque les oscillations commencèrent, on entendit un bruit capable de hérisser les cheveux du plus hardi. « La maison s'écroule ! La maison s'écroule ! » fut le cri général, et tous s'élancèrent vers les corridors. Mais tous s'arrêtèrent épouvantés : on ne voyait rien. Une épaisse poussière obscurcissait l'air environnant, une pluie de débris et de matériaux tombait dans la cour. Les personnes les plus pieuses se mirent à genoux et prièrent. Le tremblement passé, tous sortirent dans la rue, traversant la cour pleine de décombres de tuiles et de briques.

La panique ne fit qu'augmenter dès que le gouverneur de la ville donna l'ordre aux habitants de ne pas rester la nuit dans leurs maisons et de camper sur les promenades et les places publiques.

On alluma de grands feux, et la ville se transforma en un immense campement où chacun s'installa du mieux qu'il put en attendant les événements.

De onze heures du soir à trois heures du matin, *huit secousses* se produisirent, dont deux assez fortes, mais sans cependant égaler la première en intensité ni en durée.

Les secousses se continuèrent pendant les jours suivants. Le 30, le bâtiment de l'Université, qui renferme le musée, l'hôpital et la prison, ainsi que le palais du capitaine général ont été ébranlés par de nouvelles secousses. La population continua à passer les nuits autour de feux allumés sur les places et aux environs de la ville.

A Malaga, la panique a causé de nombreux accidents de personnes qui ont été blessées en se sauvant. Près de deux cent trente maisons ont été détruites, entre autres les couvents de l'Angel, de San-Relino, des Martyrs, les églises del Espiretu-Santo et de Saint-Rome. La tour de la cathédrale s'est effondrée.

La population s'est réfugiée sur les places, dans les bateaux de la baie et malgré une pluie battante et le froid, loin de leurs demeures, aux environs de la ville. Dans la prison, les condamnés, terrifiés, menacèrent de briser les portes de la geôle et refusèrent de se rendre dans leurs dortoirs; on les laissa camper dans la cour.

A Priego de Cordova, il y avait plus de mille personnes dans le théâtre de la ville. A la première oscillation, les spectateurs épouvantés se levèrent en masse et essayèrent de gagner les issues. La bousculade fut terrible; plusieurs sautèrent par les fenêtres ; des enfants furent étouffés, et l'on compta trente personnes grièvement blessées.

Quoique cette province de Grenade ait été la plus éprouvée ; cependant ses monuments hispano-arabes ont échappé, avec des dommages insignifiants. Dans le chef-lieu, à Grenade même, il y a eu des dégâts dans les toitures, dans les maisons de l'Alameda, dans les cercles et les édifices de l'État ; les prisonniers du bagne, les malades de l'hôpital ont été secoués et alarmés, mais le vieil Alhambra a bravé les secousses. A Grenade encore plus qu'à Malaga, la population effrayée s'est obstinée à rester dehors et a été vivement impressionnée par les secousses, le 26 et le 27.

Les nouvelles des contrées rurales autour de Grenade étaient terrifiantes. Ainsi, à Alhama de Grenade, on a retiré des décombres de la moitié de cette petite ville trois cents cadavres, et à Albunuelas quatre-vingt-dix-huit morts et deux cents blessés. On cite plus de trente-cinq villes ou villages où des maisons à moitié détruites ont enseveli des quantités de cadavres et de blessés.

A Alhama, la population dut camper sur la place publique, les âges et les sexes confondus, les religieuses du couvent des Franciscaines mêlées aux forçats, et adressant ensemble des prières ferventes à la providence divine. Les maisons qui bordaient le Tage se sont toutes écroulées et leurs ruines ont été englouties au fond des eaux.

La ville d'Albuquerque a été détruite par les tremblements de terre du 26 au 27 ; toutes les autorités de la ville ont péri. Plus de cent morts ont été retrouvés le lendemain. Le nombre des maisons détruites dépasse mille.

Un fait météorologique extraordinaire s'est produit à Grenade le lendemain du tremblement de terre ; le ciel, quoique sans nuages, était sillonné de nombreux éclairs.

A Guejar Sierra, il s'est passé un curieux phénomène. Une demi-heure avant la première oscillation, on entendit un bruit formidable qui jeta l'alarme parmi les habitants. Les rochers qui couronnent la montagne, ébranlés par la secousse, s'entre-choquèrent et produisirent un fracas qui fit trembler les plus intrépides. Un des plus gros rochers tomba du haut de la montagne dans la rivière, et au même moment les maisons oscillèrent sur leur base.

Les églises, les casernes d'Estepona et d'Antequera tombèrent en ruines, de même que celles d'Alfaternajo, où deux cents maisons disparurent sous terre.

La ville d'Alhama est située au centre de ce qu'on appelle un tajo (coupure). Elle est formée par une série de hauts rochers parallèles, au milieu desquels court la rivière. Elle est divisée en haute et basse ville et comptait dix mille habitants.

Lors du premier tremblement de terre, le 25 décembre, toute la ville haute glissa, et les maisons des vingt-deux rues vinrent tomber sur la ville basse qui fut entièrement engloutie ! Il y avait 5 églises, 5 ermitages, 1 couvent de sœurs, l'hôpital, la mairie, 1 théâtre, des écoles ; il ne resta qu'un monceau de ruines. On a retiré des débris 300 morts (dont 112 enfants) et 282 blessés. Plus de dix mille animaux, chevaux, mulets, chiens, chats, animaux de basse-cour, etc., furent écrasés dans cet éboulement colossal.

Dans la place et les alentours campaient sept mille personnes environ, parmi lesquelles beaucoup de femmes moitié nues, ou vêtues de deuil, et grand nombre d'enfants, aussi à demi-nus, entourés d'animaux et des effets que ces pauvres familles avaient pu sauver. Les prêtres et les médecins parcouraient les groupes en portant des secours. Les hommes travaillaient sans relâche à remuer les décombres, en cherchant, avec les soldats, les restes de leurs familles. Lorsqu'on trouvait un mort sous les débris, son père, sa mère, son mari ou ses fils s'élançaient sur le corps en sanglotant, recueillaient ses membres brisés et l'emportaient au cimetière. Mais celui-ci n'avait pas été épargné non plus : le tremblement avait

Fig. 25. — Alhama : la ville haute tombant sur la ville basse.

rejeté les cercueils hors de terre, et des restes humains gisaient épars sur le sol, répandant une odeur horrible.

Ajoutons à cela une misère épouvantable; un pain de deux livres se partageait entre huit personnes. La plupart des survivants n'ont pu manger pendant trois jours.

Des quartiers de roches détachés de la montagne sur laquelle une partie d'Alhama était construite ont été lancés avec les maisons à près de cent mètres de distance, dans la direction Nord-Sud!

Sur la pente droite des Alpujarras et dans le fond de la vallée de Segrin, entourée d'épais oliviers, se trouvait le bourg Albunuelas, aujourd'hui monceau de ruines, que l'on contemple du haut de rochers élevés, où il faut monter pour redescendre dans le village. La vue de ce désastre est encore plus triste et plus effrayante qu'à Alhama.

Le village, où l'on voit encore quelques tours du temps des Arabes, était formé par trois quartiers : l'un assis dans la vallée, l'autre parcourant le bas de la montagne, et le troisième, où se trouve l'église, séparant les deux autres. Les maisons étaient fort modestes, même pauvres. Il n'en reste pas une debout. Il serait bien difficile qu'une personne n'ayant pas connu le village pût deviner où étaient ses rues.

La nuit du 25 fut, hélas ! des plus terribles. Aux continuelles oscillations du sol s'ajoutait une épouvantable tempête, et la pluie tombait sans discontinuer. L'Église a été engloutie jusqu'à sa flèche. Des maisons avec leurs habitants et les animaux ont disparu dans d'autres crevasses.

Le spectacle offert par les ruines d'Albunuelas était indescriptible. Les habitants erraient parmi les décombres, cherchant à retrouver la trace de leurs chers morts, parmi lesquels on cite le curé, un journaliste, le maire, la nièce du curé qui a assisté à l'agonie de son oncle. Le presbytère s'étant effondré, celui-ci fut enseveli, tandis que la jeune fille se trouva prise jusqu'à la ceinture au milieu des pierres, des briques et des gravats. Pendant une demi-heure, elle entendit le prêtre dire des prières à mi-voix; puis, tout bruit cessa; le malheureux avait expiré. Elle-même, transportée à Saleses, n'a pas tardé à rendre le dernier soupir, des suites de ses blessures et de son épouvante.

On a compté trois cents morts sur 1.900 habitants. Certains détails paraissent parfois plus dramatiques que la mort et que la catastrophe elle-même. Aux premières secousses, la femme d'un des principaux négociants de la ville était sortie de son appartement et s'était réfugiée dans la cour; mais au même moment la maison et les murs de la cour s'écroulèrent, et la malheureuse fut ensevelie jusqu'aux épaules sous les décombres. A demi écrasée, elle dut rester dix-huit heures dans cette position; et cependant, quand les secours arrivèrent dans la ville, elle eut encore la force de crier et d'attirer l'attention des ouvriers, qui parvinrent à la dégager.

Dans une maison où l'on veillait le cadavre d'un enfant, vingt et une personnes furent écrasées.

Lors de la première secousse, une pauvre femme, qui était enceinte, s'enfuit, comme beaucoup d'autres, et se réfugia dans une cave où peu de temps après elle accoucha. Cette malheureuse venait de laisser ensevelir une autre fille sous les décombres de sa maison.

On évalue à plus de cent cinquante le nombre des enfants morts en Andalousie par suite de la catastrophe.

A Guevejar, on a observé un phénomène géologique des plus bizarres. Le village, construit sur des terrains mouvants, est descendu lentement dans le fond de la vallée. Une crevasse très profonde, de 4 kilomètres de long, s'est produite dans les environs. Un vieil et gros olivier planté dans l'axe de la crevasse s'est fendu par la moitié, comme s'il avait été coupé par une hache, de telle sorte que chacune des deux parties borde maintenant face à face le précipice.

Une des crevasses qui se sont formées s'est refermée presque aussitôt et cela en passant à travers la route qui conduit de Loja à Alhama ; ce mouvement du sol surprit un muletier avec ses bêtes ; le dernier mulet tomba dans la crevasse, qui, en se refermant, ne lui laissa que la tête hors du sol.

Nous parlerons plus loin d'un système de crevasses plus important, au point de vue géologique, qui s'est produit à dix kilomètres de Grenade, à Guevejar.

Un cratère très profond s'est ouvert dans la province de Valence, au milieu de la rivière Turia, près du pont. Il s'en est échappé d'abord de la fumée, puis de l'eau chaude ; on croyait assister à une transformation complète de l'état du sol.

Le soleil, qui se lève pour certains villages de la province de Grenade derrière les montagnes de la Sierra-Nevada, se lève maintenant un quart d'heure plus tard, soit que la montagne se soit exhaussée, soit que le sol se soit abaissé. Des mesures précises de niveau décideront la question.

On a déjà vu plus haut que le village de Péria-na a été englouti sous l'éboulement de la montagne qui le dominait. Depuis, le sol a été tellement bouleversé dans tous les environs que les limites des propriétés rurales ont disparu et que les propriétaires ne reconnaissent plus leurs terres.

A Santa-Cruz de Alhama, toutes les maisons et l'église se sont écroulées. On a retiré des débris cinquante morts et un très grand nombre de blessés. L'oscillation la plus violente a été la troisième ; la première, c'est-à-dire celle du 25, à 8^h53^m du soir, avait été à peine sensible.

A Malaga, un séminariste a été tellement impressionné qu'il est devenu muet. L'hôpital a été évacué ; 200 maisons sont en ruines.

A Séville, un vieillard qui se trouvait à table mourait quelques minutes après le tremblement de terre. La célèbre cathédrale est très endommagée.

A Cordoue, nous écrivait encore un autre correspondant, une personne était occupée à faire habiller le cadavre d'un de ses amis, lorsque le tremblement de terre arriva, lui fit perdre l'équilibre et la lança contre le visage du mort.

A Jayena, une jeune fille de seize ans, nommée Milesia, causait avec son fiancé, lorsque la chute d'un toit vint l'écraser ; les débris enfermèrent en même temps son ami auprès d'elle. On parvint, après une heure de déblaiement, à retirer celui-ci vivant.

Dans une autre maison, un père et sa fille se chauffaient auprès du foyer lorsque la maison s'écroula. Quand on les retira, on trouva le corps de la fille entièrement carbonisé.

Près du village, de profondes crevasses se sont ouvertes dans le lit de la rivière ; celle-ci a disparu et les habitants n'ont plus d'eau. Un détail donnera une idée de la situation mentale des témoins de la catastrophe : l'un de ceux-ci parcourait les baraques de campement portant un Christ à la main et suivi d'une troupe de mal-

Fig. 26. — Vue générale des crevasses à Guevejar, d'après une photographie.

heureux, en criant que l'image versait des larmes.

Mais il serait interminable de se faire l'écho de toutes les particularités dramatiques qui ont marqué cette inoubliable catastrophe. On a vu l'éboulement et la destruction des divers villages de cette zone, tels que : Arenas del Rey, Jatar, Motril, Zafarraya, Nerja, Periana, Torrox, Competa, etc. Sans insister sur ces détails, quel que soit leur multiple intérêt, abordons maintenant l'étude générale du phénomène.

M. Folache, de Jaën, fait remarquer que, très intense dans l'Andalousie, le tremblement de terre s'est fait sentir, comme nous l'avons vu, jusqu'à Madrid, mais beaucoup moins fort, et a passé complètement inaperçu dans les provinces de Ciudad Real et de Tolède, situées entre Grenade et Madrid et comprenant les vastes plaines de la Manche. Ce sont des terrains sédimentaires, sans élasticité, à travers lesquels les vibrations se sont éteintes.

Cette remarque est d'autant plus intéressante que la violente secousse de $8^h 53^m$ paraît avoir été ressentie en Angleterre, sans que personne, en France ni sur les bords de l'Océan, l'ait observée. On conçoit fort bien, du reste, que, si des roches granitiques dures, composites, sont disposées en forme de cuvette, dont les bords émergeraient, par exemple, à Grenade et à Madrid, et dont l'intérieur serait occupé par des terrains mous ou sablonneux, une vibration quelconque communiquée à ce banc de roches se transmettra d'une extrémité à l'autre, mais ne se communiquera que faiblement aux terres qui remplissent la cuvette, et seulement sur leurs bords contigus aux roches vibrantes. Le mouvement s'éteindra très vite en un pareil milieu, et les villes bâties sur ces terres n'auront rien ressenti, quoique la vibration soit passée sous leurs pieds et ait été ressentie à l'autre extrémité du banc, émergeant au-dessus du sol.

M. Domeyko, géologue très compétent, rappe-

lait aussi, à propos de ces transmissions, que c'est
une opinion assez répandue parmi les mineurs du
Chili qu'un tremblement de terre ne peut jamais
produire autant d'effets destructeurs dans l'intérieur d'une mine profonde, qu'à la surface. Un mi-
neur expérimenté, au moment ou un léger mouvement lui fait supposer un tremblement, ne se
presse pas de sortir pour gagner le jour, du fond
de la galerie où il travaille. « Ainsi, dit-il, un
fort tremblement, suivi de plusieurs autres, éclata
le 26 mai 1884, à Copiapo, produisant des fentes
et des crevasses dans les murailles de plusieurs
maisons, et s'étendit vers les Andes jusqu'aux
mines d'argent de Chanarcillo. Je me trouvais
alors dans ces mines, occupé à lever des plans de
travaux. La maison que j'habitais, récemment
construite en pierres calcaires, s'écroula au premier choc du tremblement. Au même instant,
des pierres de tous côtés roulèrent du haut de la
montagne, et beaucoup d'autres maisons furent
endommagées; mais il n'y eût pas le moindre ac-

cident dans l'intérieur des mines, dont les galeries descendaient à plus de deux cents mètres au-dessous des affleurements des filons et n'étaient pas toutes bien solidement établies. »

M. Noguès, ingénieur civil des mines à Séville, a parcouru après le tremblement de terre une partie de la province de Grenade, et a résumé comme il suit ses observations dans une note présentée à l'Académie des Sciences.

L'oscillation du 25 décembre 1884 embrasse une extension superficielle considérable; le mouvement oscillatoire s'est graduellement accentué en direction du Sud du plateau central espagnol; il a décrit un arc ellipsoïdal autour de la Sierra-Nevada. Les mouvements vibratoires qui ont causé les tremblements de terre dans les provinces de Grenade et de Malaga, et provinces limitrophes, se sont produits dans une région spécialement fracturée et disloquée. Le maximum d'intensité se trouve sur une courbe qui embrasse une partie de la Sierra-Nevada et suit ensuite directement les lignes de fracture des Sierras Tejeda, Almijara et de Ronda.

Le sol s'est crevassé, fendillé sur plusieurs points. Dans les environs de Periana, au pied de la Sierra-Tejeda, des crevasses profondes se sont produites en présentant de larges ouvertures. Aux environs de la Venta de Zafarraya, des crevasses semblables s'étendent sur une longueur considérable ; elles prennent naissance au pied de la montagne et pénètrent dans la plaine ; des maisonnettes ont même été entraînées dans ces crevasses, dont quelques-unes ont plusieurs kilomètres de longueur.

Une des plus remarquables est celle qui commence près la Sierra de Jatar, et se termine au village de Zafarraya, sur une longueur de près de quatre lieues. A Guevejar s'est également ouverte une crevasse parabolique d'environ 3 kilomètres de longueur, large de 3^m à 15^m et d'une grande profondeur : le son s'y répercute vers l'intérieur, et une bougie allumée à 7^m de la surface a sa flamme poussée vers l'extérieur et s'éteint. A 3 kilomètres de Santa-Cruz et à 2 kilomètres d'Alhama, le pied d'une montagne s'est crevassé ; il s'est fait une grande fente, d'où sortent des gaz fétides à odeur d'acide sulfhydrique ; l'odeur était encore perceptible à un kilomètre de distance. De cette fente jaillissait une source abondante d'eau sulfureuse à une températurede 42° centigrades, débitant de 1^m à 2^m par seconde ; d'ailleurs, tous les cerros des environs d'Alhama sont actuellement crevassés.

La crevasse de Guevejar, ouverte en forme de fer-à-cheval, atteint le sommet de la montagne ; puis elle descend en prenant la direction Est et monte de nouveau, pour redescendre en s'infléchissant vers le Nord. En outre, il y a une infinité de petites fentes qui courent les unes perpendiculairement, les autres parallélement à la grande crevasse. — Il est difficile d'examiner ces curieux effets géologiques sans songer aux crevasses observées à la surface de la Lune et sans penser que celles-ci sont dues à des causes analogues, qui peut-être sont toujours en activité.

Le sol est devenu d'une grande mobilité sur tous les points où les oscillations ont été intenses ; le mouvement des terres entraîne les maisons. Les terrains tertiaires d'Alhama, de Santa-Cruz, d'Arenas del Rey, etc., ont peu d'adhérence ; ils glissent et coulent facilement sur les pentes. Les villages bâtis sur ce sol mobile sont tombés aux premières oscillations du tremblement de terre.

Le village de Guevejar a éprouvé un mouvement de translation au Sud-Ouest, vers la rivière. Certaines maisons situées au centre de la parabole décrite par la crevasse, ont avancé de 27 mètres, tandis que d'autres situées aux extrémités de cette courbe n'ont avancé que de 3 mètres.

Les tremblements de terre de l'Andalousie ont déterminé des dénivellations considérables et modifié le régime des eaux. Des cerros se sont

surélevés, d'autres affaissés. A l'extrémité Sud
de la crevasse de Guevejar, à 15ᵐ de la rivière, il
s'est formé un petit lac d'environ 1200 mètres

Fig. 27. — Crevasse sur la route de Loja à Alhama :
le dernier mulet.

carrés de superficie, qui a 9ᵐ de profondeur à
son centre. Le versant opposé de la rivière où le
lac s'est formé s'est élevé d'environ 13ᵐ au-des-

sus de son niveau primitif. Tous les cours d'eau
compris dans la zone de la crevasse de Guevejar
ont disparu, laissant leurs lits à sec ; la fontaine
qui alimentait d'eau potable le village s'est également tarie.

Le régime normal des eaux minérales de la
contrée a été généralement modifié; des sources
ont disparu; d'autres, au contraire, ont jailli.
Près de Santa-Cruz a jailli brusquement une
source thermo-minérale assez forte. Les eaux minérales d'Alhama sont maintenant plus abon-
dantes qu'avant la catastrophe, la composition
chimique et la température ont changé. Auparavant, elles avaient une température de 47° et le
caractère salin ; depuis le tremblement de terre,
elles ont acquis un caractère sulfureux très marqué et une température de 50°. A Albunal les
sources thermales de la ramhla de Aldayar ont
aussi beaucoup augmenté. Sur quelques-unes se
sont ouvertes des crevasses de plus de 1^m de diamètre, par où sourdent avec violence des masses

d'eaux minérales. Enfin, à environ 700^m d'Albu-nuelas, par des crevasses de forme elliptique, sortent, comme en bouillonnant, des matières visqueuses.

Les effets les plus désastreux du tremblement de terre ont eu lieu précisément sur les failles qui limitent la masse archéenne de la Sierra-Tejea et Almijara, etc. Les sources thermales nouvelles, d'autres sources dont la nature a été profondément modifiée, les érosions que ces cours d'eaux souterrains peuvent opérer à l'intérieur, les dégagements de gaz qui s'échappent de certaines crevasses, tout cela ouvre aux investigations scientifiques un champ des plus étendus.

Dans les régions granitiques, la profondeur d'où viennent les sources thermales rend compte de leur température. Ici, elles paraissent sortir des terrains tertiaires et semblent être en rapport avec une source d'émanations gazeuses variées.

Si les dislocations qui ont donné à cette partie

des régions méditerranéennes leur forme actuelle, en fixant les contours des terres et de la mer, sont très anciennes par rapport à l'histoire de l'homme, elles sont très récentes au point de vue géologique, et les phénomènes actuels nous avertissent que la cause en est toujours présente et active.

C'est seulement lorsque la première émotion a été calmée, que l'on a pu apprécier de sang-froid le caractère géologique du phénomène, lequel offre plusieurs points fort intéressants. Près de Lorca, la chaîne de Murcie s'abaisse insensiblement. La ville de Valence paraît changer de place et dévier vers l'Occident ; on croit remarquer entre les méridiens de Madrid et de Valence quelques secondes de moins dans la longitude.

A Enguera, province de Valence, deux montagnes autrefois séparées se sont unies. A Chioa, même province, le sommet du mont Pascuals s'est abaissé. A Badalone, près Barcelone, la mer a reculé d'un mètre, tandis qu'au port de Mosnon elle a avancé d'autant, etc., etc.

Ce sont des faits importants, qui éclairent, qui développent et modifient les opinions généralement admises sur la constitution de la base de l'écorce terrestre. Nous avons laissé ici, d'après les témoins oculaires, un grand nombre de détails qui paraissent parfois se répéter un peu, mais ce sont comme les échos de catastrophes heureusement rares, qu'il était intéressant d'enregistrer dans cette petite monographie des tremblements de terre. La plupart d'entre eux, d'ailleurs, résultent de la nature même des mouvements produits et vont nous servir pour nos déductions.

De l'ensemble considérable de témoignages exposés jusqu'ici et comparés entre eux, nous sommes conduits aux conclusions suivantes pour l'explication des tremblements de terre de l'Espagne :

1° Les secousses les plus violentes et les plus

désastreuses se sont produites sur les anciennes failles géologiques, dans les dislocations de roches auxquelles on doit la configuration de cette partie de l'Espagne.

2° Ces dislocations ou fractures constituent une base instable pour ces terrains. Les roches inférieures s'appuient obliquement les unes sur les autres et laissent des vides entre elles. Plusieurs causes peuvent amener des tassements, des éboulements, des changements de niveau.

3° Parmi ces causes, les eaux de pluie, qui descendent perpétuellement de la surface du sol vers les profondeurs, constituent l'une des plus importantes. Ces eaux désagrègent lentement les appuis, les piliers, les voûtes, par l'action purement mécanique de leurs courants. De plus, en se combinant avec certaines roches, elles donnent naissance à des produits chimiques variés dont l'action ne peut pas être insensible. D'autre part encore, la chaleur inhérente à ces profondeurs transforme l'eau en vapeur. Il y a donc dans ces profondeurs, par le fait même de l'existence des eaux minérales, des opérations chimiques et une haute température, des vapeurs et des gaz qui remplissent les vides, qui subissent une énorme pression et qui cherchent à se faire jour. Les tremblements de terre de l'Espagne ont été précédés de fortes pluies.

4° Plusieurs circonstances peuvent favoriser l'ébranlement du sol. Toutes les conditions étant préparées pour un éboulement intérieur, tassement de roches désagrégées, combinaisons de gaz, une cause relativement légère suffira pour amener la rupture.

Des changements brusques et répétés dans la pression atmosphérique, en enlevant de la surface du sol un poids de plusieurs millions de kilogrammes, en l'y ramenant et en le supprimant encore, peuvent être non la cause, mais l'occasion de la rupture d'équilibre. C'est ce qui s'est présenté en Espagne, quoique cela soit loin de se présenter dans tous les tremblements de terre. Pendant tous les jours qui ont précédé la violente secousse du 25 décembre, le baromètre oscillait d'une manière si folle que les ingénieurs avaient cessé de prendre leurs mesures de niveau. La période du 22 décembre au 15 janvier a été marquée par des intempéries extraordinaires pour l'Espagne : le thermomètre est descendu jusqu'à 5° au-dessous de zéro à Madrid, et jusqu'à 22° à Soria ; la neige est tombée sur des pays où on ne l'avait jamais vue.

5° D'immenses crevasses se sont ouvertes ; des sources minérales ont été modifiées dans leur volume, leur composition chimique et leur température ; plusieurs ont entièrement disparu ; d'autres, au contraire, ont jailli du sol. Nous avons vu plus haut que de certaines crevasses sortaient des gaz fétides à odeur d'acide sulfhydrique, que l'on sentait à plus d'un kilomètre de distance ; qu'ailleurs des matières visqueuses jaillissaient en bouillonnant Ce sont là autant de témoignages de l'activité chimique qui règne sous nos pieds.

6° Les modifications apportées à la surface du sol ne paraissent pas être des surélévations de terrains, mais des abaissements, comme on l'a vu plus haut. Le changement de cours de quelques rivières, la formation d'un petit lac, la chute de parties de montagnes au fond des vallées, les glissements de terrains, les modifications dans le dessin des rivages de la mer, tout cela est dû à des tassements, non à des soulèvements.

7° Il n'y a pas eu que des tassements. On a ressenti des trépidations et des oscillations de bas en haut. Ces trépidations ont dû être causées par la pression des gaz et des vapeurs cherchant une issue. Tout le monde connaît la force prodigieuse des vapeurs et des gaz en tension.

8° Les commotions produites dans les roches par ces ruptures d'équilibre, ces éboulements, ces changements de niveau. se sont transmises au loin : Angleterre, Belgique, etc. Elles se sont transmises par les roches dures. Des terrains mous encastrés dans ces roches ne les ont pas éprouvées.

9° Les ruptures d'équilibre se sont communiquées de proche en proche sous l'Andalousie tout entière, sous une partie de l'Espagne et même sous la France. Sur le chemin de l'Espagne à l'Angleterre, notamment dans l'Orne, le Calvados, et la Manche, puis dans la Charente-Inférieure, divers symptômes ont témoigné de ce contre-coup.

Ainsi, la constitution géologique de cette région de l'Espagne suffit amplement pour rendre compte de tout ce qui est arrivé. Toute cette surface repose sur des roches mal équilibrées, sur des couches plissées, inclinées, disjointes, disloquées, parsemées de fractures, de failles, de voûtes et de ponts. Que l'un des points d'appui, qu'un pilier cède sous l'influence de la désagrégation causée par les eaux, qu'un léger glissement s'opère, qu'une voûte s'effondre, et, petit à petit, toute la région subira une légère modification dans son relief. Ajoutons à cela les énormes pressions produites par de faibles quantités de vapeur d'eau, le déplacement des courants intérieurs d'eaux minérales, et les divers phénomènes observés s'expliquent sans qu'il soit nécessaire d'invoquer l'existence du feu central. Néanmoins, la cause de ces mouvements du sol gît à une grande profondeur, puisque ses effets, loin de se borner à un seul district, se sont étendus à l'Ouest jusqu'aux Açores, au Nord jusqu'en Angleterre, etc.

Le mouvement géologique, préparé depuis longtemps par les conditions mêmes de l'instabilité de ces bases, peut fort bien avoir été déterminé par les colossales oscillations atmosphériques qui ont précisément eu lieu pendant toute cette période. A cette même période appartiennent le cyclone qui ravagea Catane, en Sicile, et la tempête extraordinaire qui lança la Méditerranée dans les rues de Nice.

D'après les travaux de M. Fouqué, les mouvements terrestres qui ont déterminé ces violentes secousses devaient partir de 11 000 mètres de profondeur.

En résumé, ce tremblement de terre a causé la mort de plus de 2 500 victimes, renversé plusieurs villes et villages, détruit 3 240 maisons dans la seule province de Grenade, chassé de leurs foyers des dizaines de milliers d'êtres humains, plongé des milliers de familles dans la misère, englouti cinquante ou soixante millions et modifié sensiblement le relief orographique de ces montagnes et de ces vallées. Au même moment, de l'autre côté du globe, à Yeddo (Japon), le 27 décembre, un épouvantable typhon venait fondre sur les côtes occidentales du Japon, renversait 1 080 habitations et ensevelissait dans la mort 2 070 personnes. On a remarqué que le baromètre était descendu très bas en Espagne le 25 décembre et que quelques jours après un froid extraordinaire pour la contrée sévit sur le pays ruiné, à tel point qu'à Soria le thermomètre est descendu à 22° au-dessous de zéro.

Ce mémorable tremblement de terre est le plus terrible que l'on ait eu à enregistrer dans la Péninsule ibérique depuis l'inoubliable catastrophe de Lisbonne, du 1er novembre 1755 (et, bizarre coïncidence, dans ce pays si catholique, ces deux fléaux sont tombés sur les populations précisément deux jours de grande fête : le premier, le jour de la Toussaint, le second, le jour de Noël). En 1755, il y eut trente mille morts; cette fois-ci, deux mille cinq cents.

Les observations qui précèdent nous conduisent directement à l'explication générale des tremblements de terre. Arrêtons-nous un instant encore aux faits, à propos de celui qui est venu fondre sur l'Italie du nord et les Alpes maritimes le mercredi des Cendres de l'année 1887.

III

LE TREMBLEMENT DE TERRE DE LA LIGURIE ET DES ALPES-MARITIMES

(23 février 1887).

La catastrophe qui a répandu le deuil et la désolation sur les rivages charmants de la Ligurie et des Alpes-Maritimes a de nouveau ramené dans nos esprits mille questions inquiétantes dont nous aimerions recevoir la solution, et pose le grand problème devant notre pensée en l'éclairant de nouvelles données et de nouveaux faits d'observations.

Essayons d'abord de nous rendre compte exactement de l'événement géologique qui s'est accompli là, et prenons-en une idée exacte par les impressions des témoins oculaires. Avant d'arriver aux théories, il importe d'abord d'établir les *faits*. C'est là le point essentiel, capital, et c'est ce que le public ne comprend pas toujours.

Pendant la journée entière du 23 février, une avalanche de dépêches expédiées du midi de la France et du nord de l'Italie m'arrivait, la plupart m'informant du phénomène géologique qui venait d'être observé, un grand nombre s'informant au contraire si des données scientifiques quelconques autorisaient à craindre la continuation ou l'aggravation des secousses, ou bien permettaient de n'en pas attendre le renouvellement. Ces mouvements du sol sont rares en France et plongent tous les témoins dans une angoisse indescriptible. Ici, toutes les circonstances semblaient conspirer pour accroître la terreur. A Nice, à Menton, sur toute la côte jusqu'à Savon ·

Fig. 28. — Menton : La panique.

et au delà, l'émotion a été profonde, inoubliable.
Étrange clôture de la dernière nuit du carnaval!
On est à l'aurore d'un jour clair, l'atmosphère
est pure et merveilleuse, la mer bleue, calme
comme un lac : on dort à peine depuis quelques
heures; les cendres du bûcher où l'on a brûlé
carnaval fument encore; une oreille attentive
distinguerait dans le silence les dernières mesures
d'un cotillon que l'aurore seule fait finir; des
masques attardés reviennent de quelque fête
lointaine; on se repose, on dort, on rêve, quand
soudain le lit oscille, des craquements sinistres
se font entendre, un bruit souterrain gronde et se
prolonge, des meubles tombent, des murs s'é-
croulent, une torpeur immense se répand dans
l'atmosphère, on s'aperçoit que le sol a perdu sa
stabilité séculaire, on se lève affolé, on se précipite dans la rue... C'est un tremblement de
terre! Quelle secousse! Va-t-elle recommencer?
Sera-t-elle plus terrible? Où chercher la sécurité? Où fuir?

L'émotion a été grande partout. La surface inquiétée par le tremblement de terre est consirable. Les secousses les plus violentes se sont

Fig. 29 — Nice, à l'aurore du lendemain du Mardi-Gras.

produites en Ligurie : Diano-Marina, Bussana, Castellaro, Ceriana, Pompiano, Oneglia, ont été presque entièrement ruinés, la plupart des maisons écroulées, 650 morts et des centaines de blessés.

De là, la commotion s'est étendue à l'ouest,

Fig. 30. — Diano-Marina. Fouilles dans les ruines.

dans les Alpes-Maritimes, les Basses-Alpes, le Var, Vaucluse, les Bouches-du-Rhône, le Gard, l'Hérault, la Lozère : au nord-ouest, dans les

Hautes-Alpes, la Drôme, l'Isère, l'Ardèche, la Haute-Loire, le Puy-de-Dôme, la Loire, le Rhône, l'Ain; au nord, dans le Piémont, la Savoie et la Suisse; au nord-est, dans la Lombardie; à l'est, jusqu'à Lucques, Livourne et Florence; au sud, jusqu'au delà de la Corse. L'extension est plus considérable encore.

Pour connaître l'intensité des tremblements de terre aux diverses régions, on a adopté une échelle de notation préparée par MM. de Rossi et Forel. Cette notation se résume ainsi :

I. — Secousse signalée seulement par les instruments (Sismographes).

II. — Secousse signalée par les instruments et ressentie par quelques personnes au repos.

III. — Secousse sensible pour un grand nombre de personnes au repos.

IV. — Secousse constatée par l'homme en activité. Ébranlement d'objets, trépidation des vitres.

V. — Secousse généralement ressentie. Tintement de sonnettes, ébranlement de meubles, lits, etc.

VI. — Réveil général des dormeurs, oscillation
des lustres, arrêt des pendules, ondulation des arbres. Effroi.

VII. — Renversement d'objets dans les apparte-
ments. Tintement des cloches. Chute de
plâtras. Grand effroi.

VIII. — Murs lézardés, chutes de cheminées. Épouvante.

IX. — Destruction partielle ou totale de quelques
édifices.

X. — Grands désastres. Ruines. Bouleversement
des couches terrestres. Crevasses. Éboulement de montagnes.

Nous avons construit la carte suivante (p. 370)
sur l'ensemble des documents. Il importe de remarquer que tous les terrains ne transmettent pas
également les commotions : à quelques centaines
de mètres d'un point où l'on a ressenti, par
exemple, les effets qui indiquent le tracé de telle
courbe isosismique, un autre terrain n'aura pas
été ébranlé. Ainsi à Clermont, autour du mamelon au sommet duquel est bâtie la cathédrale, le
phénomène a présenté le caractère du n° IV et

même du n° V, tandis qu'à l'observatoire du Puy-de-Dôme, on n'a absolument rien ressenti. Pareils faits ont été observés à Saint-Étienne, à Lyon, et un peu partout.

Nous avons tracé ces courbes d'après la moyenne des constatations. Pour la courbe II, nous n'avons eu que les observations du Dr Fines, à Perpignan, et les oscillations sismographiques de Florence (précédées de l'angoisse singulière d'un perroquet). Quant à la courbe I, les documents nous manquent absolument pour la tracer. Elle paraît s'étendre jusqu'en Angleterre.

La secousse la plus forte et la plus désastreuse a eu lieu à 5^{h}42^m du matin, heure de Paris qui correspond à 6^{h}22^m, heure de Rome. Cette secousse avait été précédée d'une sorte d'avertissement vers 3^{h}20^m ; elle a été longue ou pour mieux dire multiple, composée de cinq ou six secousses consécutives dont l'ensemble a duré près d'une minute, et accompagnée presque partout

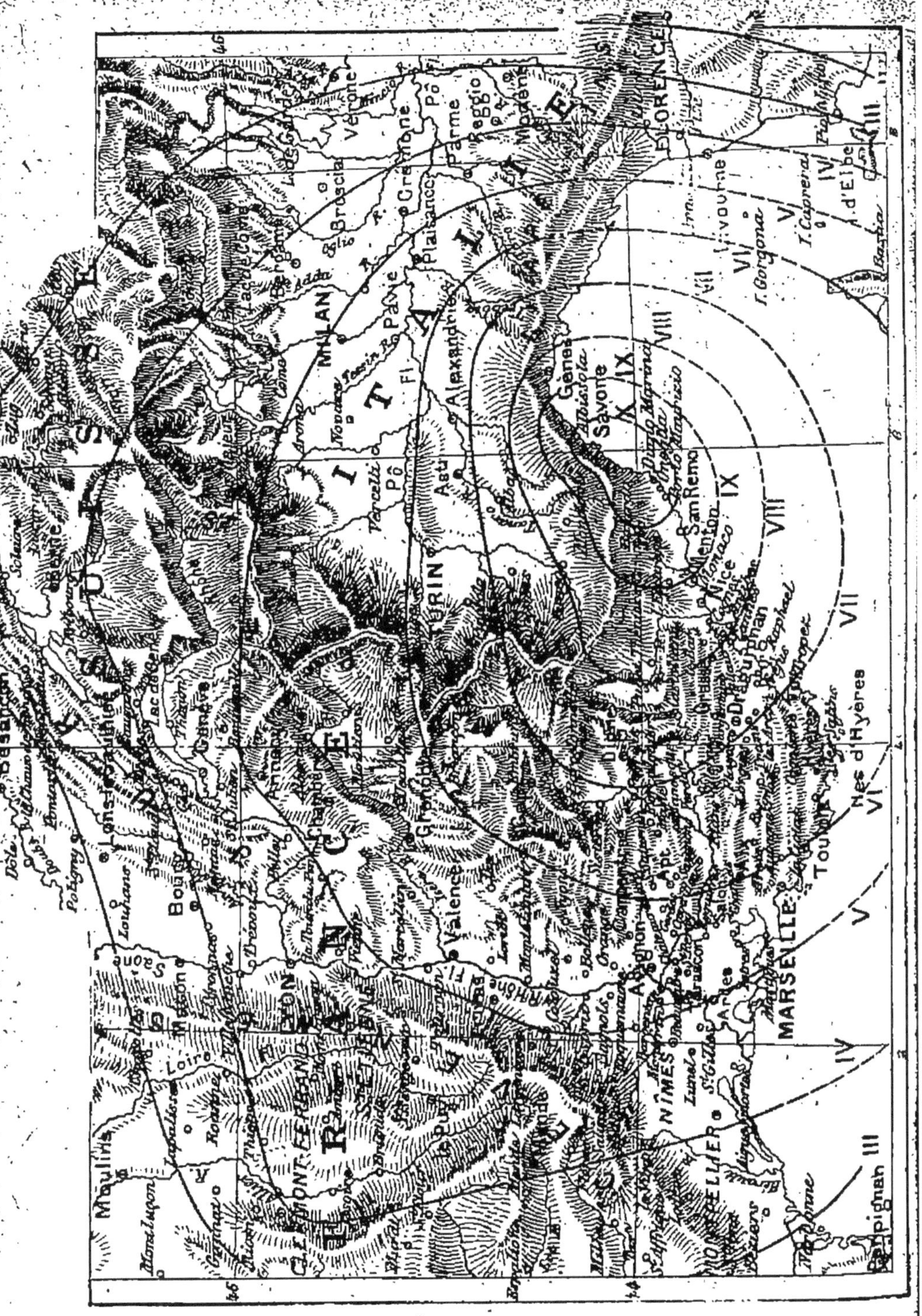

Fig. 31. — Carte de la région affectée par le tremblement de terre du 23 février 1887. Courbes d'intensité décroissante.

d'un bruit souterrain formidable. Dix minutes plus tard, c'est-à-dire à 5ʰ52ᵐ, nouvelle secousse moins forte, également multiple, mais d'une moins longue durée. Deux heures trente et une minutes après la secousse principale, c'est-à-dire à 8ʰ13ᵐ, nouvelle secousse qui, elle aussi, causa des désastres terribles en renversant sur les côtes de la Ligurie un grand nombre de maisons et d'édifices, ébranlés par la secousse principale. On en signale d'autres encore, moins importantes; et il y en eut de nouvelles le lendemain 24 février, ainsi que les jours suivants, secousses secondaires de plus en plus faibles.

Les journaux quotidiens ont publié les impressions et fait connaître les désastres causés par ces secousses; il serait long de les rapporter ici. Signalons seulement les deux cent soixante-dix victimes ensevelies sous l'écroulement de l'église de Bajardo, près de San-Remo, au moment où elles venaient de recevoir les cendres; souvenons-nous du village de Diano-Marina, près de Port-Maurice, entièrement détruit, nouveau Casamicciola aussi funèbre que celui du cataclysme d'Ischia ; revoyons, sous un même coup d'œil tous ces villages en ruines, ces demeures écroulées, ces morts, ces blessés, ces désespoirs, ces angoisses, et nous n'aurons encore qu'une faible idée des bouleversements de toute nature causés par ces terribles convulsions du globe.

La panique a été effroyable à Diano-Marina, très violente à Menton et même à Nice, où pourtant il n'y a eu qu'une seule maison vraiment détruite par la secousse (la maison de l'école maternelle (fig. 16), et un seul mort. A Menton, les dégâts ont été considérables ; et ils ont été d'autant plus accentués, le long des rivages de la Ligurie, que l'on se rapproche davantage du foyer.

Le tracé de la carte de l'extension du tremblement de terre, fait d'après les principes exposés plus haut, montre que la commotion s'est étendue, en s'affaiblissant, à une très grande distance du foyer. La courbe n° IV, par exemple, ébranlement d'objets, trépidation de vitres, va de Montpellier à Clermont-Ferrand, et de là passe par Bourg et la Suisse pour contourner Milan et descendre à Lucques, Livourne et la Corse. Dans tout l'intérieur de ce périmètre, qui mesure 600 kilomètres de longueur et autant de largeur, soit sur une étendue d'environ 300 000 kilomètres carrés, le tremblement de terre a été plus ou moins ressenti, suivant la nature des terrains.

La commotion s'est étendue au delà de ce périmètre, mais à peine sensible. Au delà de Bâle, au nord, nous n'avons aucun document humain, cependant la secousse a encore été assez forte à Bâle pour arrêter les pendules. Au delà de Perpignan, à l'ouest, nous n'avons non plus que des constatations sismographiques.

En général les chaînes de montagnes sont un obstacle à la transmission des secousses, les Pyrénées empêchent les tremblements de terre d'Espagne d'arriver en France, les roches solides qui émergent au milieu des terrains meubles sont peu inquiétées; cependant, ici, les Alpes n'ont pas empêché la secousse d'arriver à Bâle.

Les appareils magnétiques de l'Observatoire de Genève ont oscillé à 5^h43^m, c'est-à-dire une minute environ après la secousse principale; ceux de Paris ont oscillé à 5^h45^m, soit deux minutes plus tard ; ceux de Bruxelles, de Kew et de Greenwich, près de Londres, à 5^h48^m ; ceux de Wilhemshafen, en Allemagne, à 5^h50^m ; ceux de Lisbonne, à 5^h52^m.

Si ces mouvements des appareils magnétiques ne sont pas dus à des courants produits par la commotion terrestre, mais à une transmission directe de cette commotion elle-même, la secousse aurait donc ébranlé le sol jusqu'en Allemagne, en Angleterre et en Portugal. Aux États-Unis, le sismographe de Washington a lui aussi oscillé, à 7^h33^m, ce qui correspond à

12^h50^m de Paris; mais c'était sans doute par suite d'une autre cause.

Nous serions d'autant plus disposé à admettre cette propagation lointaine, que les deux terribles explosions de grisou arrivées à Saint-Étienne le 1er mars 1887 (70 morts) et à Quaregnon le 4 mars (113 morts), peuvent avoir été déterminées par quelques failles souterraines; que dans les mines d'Anzin, le matin même du tremblement de terre, entre 6^h15^m et 6^h30^m, un tromomètre a subi des oscillations extraordinaires, et qu'en plusieurs points, des sources taries depuis longtemps se sont mises à couler, tandis que d'autres ont eu leurs eaux troublées. Selon toute probabilité, la commotion s'est réellement propagée à une distance considérable (¹).

L'heure précise des secousses, leur mode de

(¹) Les transmissions de chocs se propagent avec une facilité inimaginable. Une voiture chargée qui passe sur les pavés, à deux ou trois cent mètres de l'Observatoire de Paris, transmet ces petits chocs à travers le sol des jardins et fait vibrer le bain de mercure de la salle méridienne, malgré ses fondations si massives.

propagation, l'étendue et la vitesse de cette propagation suivant les distances et suivant la nature
des terrains seraient autant d'éléments extrêmement intéressants à déterminer d'une manière
précise ; malheureusement les données sont bien
défectueuses pour arriver à une certitude satisfaisante, surtout à cause de la diversité des heures marquées par les horloges et de l'absurde
cacophonie qui règne encore sur ce point chez les
nations les plus civilisées. C'est ici surtout que
l'on souhaiterait de voir toutes les horloges de
chaque nation réglées avec précision sur le méridien de la capitale. Malgré toutes ces difficultés, voici pourtant ce que nous avons pu déterminer de plus sûr pour le moment de la secousse
principale. (Les points en italique sont ceux des
heures les plus précises.)

A Diano-Marina (foyer de plus grande
intensité). 5ʰ 41ᵐ
A Gênes, Menton, Nice. 5ʰ 42ᵐ
A *Moncalieri*(Turin),Digne,Draguignan. 5ʰ 42ᵐ¹⁄₂

A Milan, *Genève*, Grenoble, Toulon. . $5^h 43^m \frac{1}{2}$

A *Bâle*, Lyon, Avignon, Marseille. . $5^h 44^m \frac{1}{2}$

Sismographes de Florence et Perpignan. $5^h 45^m$

Sismographes de Velletri (Rome) et Paris
(à 1^m près). . . . . $5^h 46^m$

Sismographes de Bruxelles, Kew et
Greenwich (Londres). . . . . $5^h 48^m$

Sismographe de Wilemshafen (Allema-
gne). . . . . $5^h 50^m$

Sismographe de Lisbonne. . . . . $5^h 52^m$

Sismographe de Washington. . . . . . $12^h 50^m$

Ces instants donneraient les vitesses de propagation suivantes :

De Diano à Bâle : 400 kilomètres en 30 minutes,
soit 1 900 mètres par secondes.

— — à Perpignan : 435 kilomètres en 3 minutes et demie, soit 1 900 mètres par
seconde.

— — à Paris : 680 kilomètres en 4 minutes et
demie, soit 2 500 mètres par seconde.

— — à Londres : 1 000 kilomètres en 6 minutes et demie, soit 2 560 mètres par
seconde.

— — à Lisbonne : 1 500 kilomètres en 10 mi-

nutes et demie, soit 2400 mètres par
seconde.

De Diano à Washington : 6000 kilomètres en
$7^h 9^m$, soit 840 kilomètres à l'heure,
ou 230 mètres par seconde. (Ce mouvement doit être dû à une autre
cause.)

Quoique les probabilités relatives aux causes
des tremblements de terre et à la constitution
intérieure du globe terrestre soient fort loin des
certitudes désirables, nous pouvons être satisfaits
de la voie dans laquelle l'analyse attentive des
derniers tremblements de terre nous a fait entrer,
car les événements qui ont été observés après le
23 février ont absolument confirmé les conjectu-
res que nous avions émises sous la forme modeste
et problématique qui leur convenait (1).

Les secousses violentes et désastreuses du 23

(1) L'article que nous avions publié dans *le Voltaire*
au reçu des premières dépêches se terminait par la probabilité que des secousses secondaires auraient lieu. L'agence
Havas ayant télégraphié cette phrase à Nice sans autres
commentaires, une panique se répandit dans la ville et le

Fig. 32. — Le tremblement de terre à Nice.
La maison d'école maternelle (quartier Saint-Étienne).

février ont été suivies de secousses secondaires de plus en plus affaiblies et de trépidations légères montrant bien que la cause de ces mouvements du sol ne consiste pas en de simples éboulements ou effondrements intérieurs, mais en poussées élastiques dues à la vapeur d'eau (dont on connaît la puissance) ; elles ont confirmé également la conjecture que nos volcans, le Vésuve, l'Etna, le Stromboli, sont restés étrangers à l'événement ; elles ont encore confirmé ce que nous avions dit de l'influence secondaire de l'attraction

préfet des Alpes-Maritimes m'adressa la dépêche suivante :

Préfet à Flammarion, Paris.

« Nice, 25 février, 4ʰ 10 soir.

« Votre article sur tremblement terre Nice annonçait secousses nouvelles après commotion principale. Cette prévision s'est réalisée ; mais journal arrivant Nice deux jours après publication fera craindre ici d'autres secousses et augmentera émotion déjà grande. Pouvez-vous m'envoyer télégramme qui serait publié pour prévenir cette impression. »

J'ai répondu aussitôt :

« Paris, 25 février, 7ʰ 30 soir.

« Les secousses secondaires que j'avais annoncées comme probables, et qui viennent d'avoir lieu, étaient indiquées par de la Lune, de nouvelles secousses, un peu plus intenses que celles des jours précédents, s'étant manifestées le jour même de la grande marée du 11 mars, l'une des plus fortes du siècle (marée de 116).

Le foyer de ce tremblement de terre était bien sous la Méditerranée, en face de Diano-Marina. A quelle profondeur? M. Fouqué a évalué à 11000 mètres la profondeur de l'épicentre du grand tremblement de terre d'Espagne du 25 décembre 1884. Nous pouvons admettre une position analogue pour celui-ci. Ce n'est donc point du tout un phénomène *superficiel*, comme certaines rela-

l'analogie entre le tremblement de terre des Alpes-Maritimes et celui de 1884 en Espagne.

« D'après cette même analogie, si quelques secousses surviennent encore, elles seront faibles. Nous ne pouvons avoir sur ce point que des probabilités. Il est possible que tout soit terminé. »

Cette réponse fut affichée à Nice et calma les inquiétudes.

Je reproduis cet incident pour réduire à leur valeur les commentaires qu'il a inspirés à quelques critiques. On voit que les dissertations brodées par plusieurs journaux n'avaient aucune raison d'être.

tions scientifiques l'ont supposé, — pas plus qu'un phénomène volcanique.

Les désastres les plus grands se sont produits le long de la côte, d'Albissola à Port-Maurice et *sur les lignes de dislocation de ces petites chaînes de montagnes* relativement récentes, calcaires et schistes de l'éocène supérieur en couches très bouleversées.

C'est *toujours dans cette même région*, de Nice à Gênes, que les tremblements de terre ont eu lieu, depuis les temps historiques [1], rarement violents aux extrémités, à Nice ou à Gênes, mais souvent désastreux au centre, vers Oneglia. Il ne se passe pas de siècle qu'on n'en observe. Mais Nice et Gênes en sont presque toujours quittes pour la peur : les maisons de cinq étages de Gênes, construites depuis si longtemps, sont là

[1] Principaux : 1226, — 1340, — 1556, — 1563, — 1564, — 1565, — 1617, — 1636, — 1644, — 1694, — 1708, — 1755, — 1818, — 1852, — 1859, — 1861, — 1884. Depuis celui de 1708, assez fort à Manosque, ils ont toujours été très légers.

comme d'irrécusables témoignages. A plus forte raison, Cannes peut-elle dormir tranquille. Sous la mer, la secousse a produit une poussée de 1 mètre d'eau en hauteur verticale, laquelle a été suivie immédiatement d'un mouvement de 2 mètres en sens contraire. Le fait a été constaté par des navires comme sur les rivages.

Mais les tremblement de terre qui ont eu lieu en ces dernières années et que nous venons de raconter, ne sont encore qu'une faible image des grands tremblements de terre historiques. Humboldt a donné la description de ces effroyables catastrophes recueillies de la bouche des survivants.

« Ce qui nous saisit, écrit-il, c'est que nous perdons tout à coup notre confiance innée dans la stabilité du sol. Dès notre enfance, nous étions habitués au contraste de la mobilité de l'eau avec l'immobilité du sol. Tous ces témoignages de nos sens avaient fortifié notre sécurité. Le sol vient-il à trembler, ce moment

suffit pour détruire l'expérience de toute la vie.
C'est une puissance inconnue qui se révèle tout
à coup; le calme de la nature n'était qu'une
illusion, et nous nous sentons rejetés violemment
dans un chaos de forces destructives. Alors chaque bruit, chaque souffle d'air excite l'attention,
on se défie surtout du sol sur lequel on marche.
Un tremblement de terre se présente à l'homme
comme un danger indéfinissable, mais partout
menaçant. On peut s'éloigner d'un volcan, on
peut éviter un torrent de laves; mais quand la
terre tremble, où fuir? Partout on croit marcher
sur un foyer de destruction. »

Pourtant, et fort heureusement, l'homme
oublie assez vite. Tous les quarts de siècle en
moyenne, une montagne s'écroule en Suisse
et écrase un village. L'année suivante, le village est rebâti. On se fie à la lenteur des œuvres
de la nature et à la brièveté de la vie humaine, et
l'on espère la sécurité pour une ou deux généra-
tions, ce qui suffit pour l'intérêt particulier. En

réalité, malgré ces petits frissons, la planète reste, l'homme passe et la vie continue son cours. Ainsi va le monde. Après l'orage, le soleil; après les deuils, le plaisir; mieux encore, les deuils eux-mêmes donnent naissance aux fêtes; ces catastrophes ont éveillé les plus nobles sentiments de la charité publique, et Paris s'est mis en fête pour envoyer de l'or aux survivants et aider à relever les églises et les théâtres. Les inondations de Murcie ont fait courir à l'Hippodrome le Tout Paris mondain. La vie se compose d'impressions et de contrastes. Lorsqu'une nation s'est reposée dix ans, elle éprouve le besoin de voir des morts, des blessés, des orphelins et des veuves, et le canon du vaincu gémit encore lorsque les ministres du roi vainqueur chantent au milieu de l'encens et des fugues de l'orgue, un triomphant *Te Deum* au Dieu des armées. Comme si la médiocrité de notre planète ne nous réservait pas assez de misères ! Il semble pourtant que les tremblements de terre, les inondations, les épidémies, les ruines et les chagrins inévitables de la vie devraient suffire.

L'humanité est une fourmilière sur un globe errant dans l'infini.

Rendons-nous compte de ces grands mouvements du sol, afin de pouvoir, s'il est possible, atteindre les causes.

IV

LES TREMBLEMENTS DE TERRE
ET LEURS CAUSES

———

CONCLUSION GÉNÉRALE

Les nombreux documents que nous avons examinés et comparés en décrivant les événements qui précèdent nous ont mis entre les mains des données importantes et précieuses. Nous pouvons essayer aujourd'hui de dégager de ces enseignements de la nature la théorie qui nous paraîtra la plus apte à expliquer tous les faits observés.

On dit que, désespéré de ne pouvoir trouver

l'explication des volcans, Empédocle se jeta dans l'Etna, qui garda le chercheur, mais renvoya sa sandale, pour montrer aux mortels l'inutilité d'un tel suicide. Notre siècle est-il destiné à trouver le mot de l'énigme du philosophe d'Agrigente?

Remarquons d'abord qu'en général les auteurs de théories, quelles qu'elles soient, sont singulièrement exclusifs. Ils admettent bien une hypothèse, la leur, mais refusent volontiers que plusieurs causes puissent exister à la fois dans la production des phénomènes de la nature. Sur la question spéciale des mouvements du sol, les uns déclarent que les volcans et les tremblements de terre sont produits par une seule et même cause : la fluidité du noyau intérieur liquide et incandescent réagissant contre l'écorce du globe; d'autres pensent que ces phénomènes sont absolument séparés les uns des autres, et que les tremblements de terre sont dus à des affaissements à la base des assises de terrains, déterminés par la condensation du noyau interne, les rides et plissements qui en résultent, ou par le travail des eaux souterraines désagrégeant les bases; d'autres les attribuent à des commotions produites par les variations brusques de la pression atmosphérique et leur contre-coup sur les gaz emprisonnés dans l'intérieur du sol; d'autres y voient les effets immédiats des pluies; d'autres encore mettent en jeu les eaux thermales et les vapeurs; d'autres, l'électricité et le magnétisme terrestre; d'autres, les marées intérieures produites sur un noyau liquide par les attractions du Soleil et de la Lune, etc., etc. Mais est-il bien sûr que toute théorie doivent être fermée et exclure toutes les autres? Ne pouvons-nous examiner sans idées préconçues les faits observés et en chercher l'explication indépendante? Il en est peut-être en géologie comme en médecine, où les théories les plus absolues et les plus affirmatives ne tardent pas à être irrémédiablement condamnées par les faits, en raison de la prétention même de leur exclusivisme.

33.

L'état actuel de la science réclame donc, — si toutefois les éléments d'observation sont suffisants, — une théorie générale et indépendante de toute idée préconçue, qui explique rationnellement les phénomènes constatés.

*
* *

Le premier fait qui s'impose à notre attention est qu'il y a des tremblements de terre volcaniques et des tremblements de terre non volcaniques. On connaît actuellement à la surface du globe 323 volcans en activité qui, de temps à autre, produisent des commotions de diverses natures; le cataclysme de Krakatoa, qui répandit naguère la deuil et le ruine sur les îles du détroit de la Sonde et causa la mort de quarante mille êtres humains, a été déterminé, comme on s'en souvient, par une éruption volcanique formidable et par le terrible raz de marée qui s'ensuivit. Au contraire, les événements d'Espagne ne sont en corrélation avec aucune éruption volcanique, ni avec aucun foyer de ce genre. C'est là un point fort important pour la théorie de la Terre.

Pour mieux saisir les causes qui sont en jeu dans ces mouvements du sol, rappelons un instant quelques-uns des effets les plus caractéristiques observés dans les tremblements de terre les plus mémorables.

Quelquefois le sol ondule comme les vagues de la mer. Au mois d'avril 1871, à Battang, en Chine, les bouquets d'arbres et les accidents de terrain ressemblaient « à des vaisseaux ballottés par les vagues. » En 1783, pendant le tremblement de terre de la Calabre, des arbres s'inclinaient si fort pendant le passage des ondulations que parfois *leur cime descendait jusqu'à toucher le sol !* On fit la même observation en 1811 au Missouri. Le 26 mars 1812, à Caracas, le mouvement ondulatoire était si marqué que le sol ressemblait à un liquide en ébullition.

Parfois, au lieu d'un mouvement ondulatoire,

ce sont des secousses de bas en haut d'une violence extraordinaire. Le 7 juin 1692, à Port-Royal de la Jamaïque, dès les premières secousses, tout s'effondra pêle-mêle; maisons, hommes, femmes, animaux, furent jetés de tous côtés, et plusieurs habitants furent lancés dans les airs. « Il y en eut même, disent les relations de témoins oculaires, qui, se trouvant sur la place, au milieu de la ville, *furent lancés par-dessus les ruines jusque dans le port*, et purent se sauver à la nage! » Ce n'est pas le seul exemple de ce genre. Le tremblement de terre de Riobamba, en 1797, montra une pareille force de projection : un grand nombre de cadavres d'indigènes furent lancés sur une colline de plusieurs centaines de pieds de hauteur, située de l'autre côté de la rivière.

En d'autres cas, ce sont des mouvements rotatoires qui frappent l'attention de l'observateur. On voyait à San-Stephano, après le tremblement de terre de 1782, deux obélisques quadrangulaires, dont les diverses parties avaient tourné sur leur base sans se renverser, et ne se maintenaient d'aplomb que par un prodige d'équilibre. Quelquefois, les crevasses produisent des résultats analogues. Pendant le tremblement de terre de la Calabre, une crevasse se forma sous une tour de Terra-Nuova; les deux moitiés de la tour ne s'écroulèrent point; mais, lorsque la crevasse se referma, elles se recollèrent sans correspondre entre elles et en offrant la plus singulière dissymétrie.

Ainsi, ces formidables ébranlements du sol consistent tantôt en *secousses verticales*, tantôt en *oscillations horizontales*, tantôt en *tournoiements*, qui résultent de la simultanéité de ces deux mouvements combinés.

Remarquons d'abord les secousses *verticales* qui, agissant de bas en haut, produisent des effets comparables à ceux d'une mine, et qui nous obligent à admettre pour leur cause productive une force puissante s'exerçant avec une extrême violence.

Lors du tremblement de terre de Calabre, en 1783, on a vu des maisons entières projetées en l'air à une hauteur considérable ; en moins de deux minutes, toutes les villes et tous les villages de cette province furent détruits de fond en comble ; au même moment, un terrible raz de marée, après avoir balayé d'un seul coup deux mille personnes réunies sur la plage de Scilla, s'engouffra dans le port de Messine, y coula tous les navires et démolit en partie la grande rangée de palais qui bordaient le rivage : plus de 12000 personnes périrent sous ces ruines. Des pavés des rues furent lancés de bas en haut, obliquement, comme des projectiles. On ressentit, dans ce même tremblement de terre, qui ravagea ce pays pendant quatre années consécutives et donna plus de douze cents secousses, des mouvements ondulatoires dont nous parlerons tout à l'heure.

A Forio (Ischia), 1883, une jeune fille qui se tenait sur une terrasse a été portée, comme par

Fig. 33. — Hommes lancés en l'air à Port-Royal de la Jamaïque.

une main invisible sur un rocher à vingt mètres au-dessus du sol et à cent mètres de distance, sans en avoir ressenti aucun mal.

Ce sont là des faits qui témoignent non d'effondrements intérieurs, d'éboulements ou de glissements de terrains, mais d'explosions profondes qui ne peuvent être causées que par des gaz ou des vapeurs à une haute tension. Les mouvements ondulatoires ne sont pas moins importants à constater mais sont d'un autre ordre. En voici quelques exemples :

On a vu le sol onduler comme les vagues de la mer et, comme nous le remarquions tout à l'heure, des arbres s'incliner si fort pendant le passage des ondulations que parfois leur cime descendait jusqu'à toucher le sol !

Lors du tremblement de terre d'Ischia, le campanile de la chapelle de Baveno s'est fortement incliné du nord au sud, marquant ainsi la direction de la propagation du mouvement, puis s'est redressé, et cela à plusieurs reprises différentes ; les murs de la chapelle se sont fendus, puis refermés instantanément, après s'être montrés largement ouverts.

Dans ces mouvements ondulatoires, qui sont les plus fréquents et les plus prolongés, l'agitation des édifices est naturellement plus prononcée au sommet qu'à la base.

Les crevasses sont peut-être ce qu'il y a de plus désastreux encore dans ces étranges mouvements du sol. Le 10 décembre 1869, les habitants de la ville d'Onlah, en Asie Mineure, effrayés par des bruits souterrains et par une première secousse très violente, s'étaient sauvés sur une colline voisine : ils virent de leurs yeux stupéfaits plusieurs crevasses s'ouvrir à travers la ville, et *la ville entière disparaître* en quelques minutes sous ce sol mouvant.

Le 11 avril 1871, lors du tremblement de terre qui détruisait la ville de Battang, en Chine, et engloutit plusieurs milliers de personnes, les affaissements étaient si considérables que des montagnes s'entr'ouvrirent et que plusieurs petites collines disparurent complètement.

Les désastres causés par ces crevasses pendant le tremblement de terre de la Calabre, en 1783, sont restés mémorables entre tous. A Terra-Nuova et dans d'autres villes, des maisons tombées dans ces abîmes furent broyées comme du plâtre lorsque ces crevasses se refermèrent. Des hommes et des troupeaux furent enterrés vifs, en grand nombre. L'une de ces crevasses, celle de Plaisano, mesurait 7 500^m de longueur, 35^m de largeur et 75^m de profondeur. Nous avons vu, plus haut, que des crevasses analogues ont été produites par les tremblements de terre de l'Espagne, et que l'une d'entre elles se referma sur un mulet qui venait d'y tomber, en lui laissant la tête hors du sol. A Riobamba, des hommes furent sauvés en étendant les bras pour ne pas être engloutis et en sautant en dehors, tandis que non loin de là des troupes de cavaliers et de mulets chargés disparaissaient.

Encore un mot sur les crevasses de la Calabre, qui peuvent être considérées comme types de ces phénomènes :

Le premier rapport envoyé à Naples sur les glissements de terrain, écrit Lyell, qui donnèrent naissance à un grand lac, près de Terra-Nuova, était conçu en ces termes : « Deux montagnes situées sur les côtés opposés d'une vallée se déplacèrent de leur position originelle jusqu'à ce qu'elles se rencontrassent au milieu de la plaine; là, se réunissant, elles interceptèrent le cours d'une rivière. »

Non loin de Soriano, dont les maisons furent rasées par la grande secousse, une petite vallée, renfermant une magnifique plantation d'oliviers, désignée sous le nom de Fra Ramondo, éprouva une révolution extraordinaire. Une multitude de fissures traversèrent d'abord en tous sens la plaine dans laquelle coulait la rivière, et absorbèrent l'eau jusqu'à ce que les sous-strates argileuses en fussent imprégnées, de sorte qu'une grande partie de celles-ci fût réduite à l'état de pâte liquide, et qu'il s'ensuivît d'étranges changements dans la configuration du pays, le sol prenant aisément, jusqu'à une grande profondeur, toute espèce de formes. De plus, les débris des collines voisines furent précipités dans les cavités qui s'étaient formées; et tandis qu'un grand nombre d'oliviers étaient déracinés, d'autres continuaient à végéter sur les masses tombées et inclinées sous divers angles. La petite rivière Caridi disparut entièrement pendant plusieurs jours; et lorsque, enfin, on la revit, elle s'était creusé un lit complètement nouveau.

Près de Seminara, un verger et une vaste plantation d'oliviers furent lancés à une distance de 60 mètres, dans une vallée de 18 mètres de profondeur. En même temps une cavité profonde s'ouvrit dans une autre partie du plateau élevé d'où le verger avait été détaché, et la rivière y entra aussitôt, laissant son ancien lit complètement à sec. Une petite maison habitée, qui se

trouvait sur la masse de terre transportée dans
le fond de la vallée, fut entraînée avec elle, entière, et sans aucun mal pour les habitants. Les
oliviers aussi continuèrent à croître sur la terre
qui avait glissé dans la vallée, et rapportèrent
la même année une récolte abondante. Deux portions de terrain, sur lesquelles reposait une grande
partie de la ville de Polistena, consistant en quelques centaines de maisons, furent détachées et
transportées à 800 mètres environ de leur emplacement primitif, dans un ravin contigu, de
manière à le couper presque entièrement; et ce
qu'il y a de plus extraordinaire, c'est que plusieurs des habitants furent retirés sains et saufs
des décombres.

Près de Mileto, deux métairies, désignées sous
le nom de Macini et de Vaticano, et qui occupaient
une étendue de terre de 1 600 mètres environ
de longueur, sur 800 mètres de largeur, furent
entraînées à la distance de 1 600 mètres dans une
vallée. Une chaumière, ainsi que de grands oli-

viers et mûriers, dont la plupart restèrent debout, furent transportés intacts jusqu'à cette distance extraordinaire. Suivant Hamilton, la surface déplacée avait longtemps été minée par de
petits ruisseaux, qui se trouvèrent ensuite en
pleine vue sur les terrains laissés à nu par la
disparition des deux métairies.

Quelques-uns des gouffres qui s'ouvrirent semblent résulter de l'enfoncement du sol dans des
cavités souterraines. On en observa un qui se
produisit sur la pente d'une colline voisine d'Op-
pido, et dans lequel furent précipités des terrains
plantés de vignes et d'oliviers. Il n'en resta pas
moins, après la secousse, une vaste cavité, en
forme d'amphithéâtre, de 150 mètres de longueur sur 60 mètres de profondeur.

En 1692, à la Jamaïque, on vit deux ou trois
cents crevasses s'ouvrir et se refermer subitement.
Un grand nombre de personnes furent englouties
dans ces fissures; quelques-unes ne furent ensevelies que jusqu'à moitié du corps, et ne résistè-

Fig. 34. — La ville d'Onlab disparaissant entièrement dans les crevasses.

rent pas aux étreintes du sol, plusieurs autres restèrent la tête hors de terre ; d'autres, enfin, après avoir été englouties, furent rejetées à la surface, avec de grandes quantités d'eau. La dévastation fut telle, que, même à Port-Royal. alors capitale de la Jamaïque, où l'on dit qu'il resta plus de maisons debout que dans tout le reste de l'île, les trois quarts des constructions s'enfoncèrent entièrement sous l'eau avec le sol qui les supportait et avec tous leurs habitants. Elles y sont restées ; et dans notre siècle même plusieurs navigateurs ont assuré les avoir parfaitement distinguées, au-dessous du navire, par la mer calme.

Et pourtant, plus terribles encore sont les raz de marée qui ont été produits par certains mouvements du sol. Nos lecteurs se souviennent que, lors de l'éruption du Krakatoa, la mer se retira des ports d'Anjer et de Telok-Bétong, revint, élevée à la masse formidable de 35 mètres de hauteur au-dessus de son niveau moyen, se rua sur ces deux cités (il était six heures du matin et les habitants s'éveillaient), submergea la ville, et, en se retirant, emporta demeures et habitants, à ce point que, quelques minutes plus tard, l'œil le plus expérimenté ne pouvait plus même retrouver la place de ces deux villes populeuses ! Des navires furent jetés par-dessus la ville à plusieurs kilomètres du rivage, lequel du reste changea absolument de configuration géographique. Nous avons vu que cette formidable commotion de la mer s'étendit jusqu'au Japon, jusqu'à Panama et jusqu'en Europe, jusqu'en France.

Lors du tremblement de terre de Lisbonne, en 1755, la mer s'éleva à plus de 15 mètres au-dessus du niveau moyen, redescendit de la même quantité au-dessous de ce même niveau, remonta encore et oscilla ainsi quatre fois de suite, en balayant tout sur les rivages. La propagation de ce mouvement se fit sentir jusqu'en Irlande d'une part, jusqu'aux Antilles d'autre part.

Aucun signe précurseur, dit Lyell, n'avait averti

les habitants du danger qui les menaçait, lorsqu'un bruit semblable à celui du tonnerre se fit entendre sous terre, et fut immédiatement suivi d'une violente secousse qui renversa la plus grande partie de cette ville. En six minutes environ, 30 000 personnes périrent. La mer se retira d'abord, et mit la barre à sec ; puis elle se précipita sur le rivage, en s'élevant à plus de 15 mètres au-dessus de son niveau ordinaire. Les montagnes d'Arrabida, d'Estrella, de Julio, de Marvan et de Cintra, qui sont au nombre des points les plus élevés du Portugal, furent ébranlées violemment, et pour ainsi dire, jusque dans leurs fondations. Quelques-unes d'entre elles s'ouvrirent à leur cime, qui fut fendue et brisée d'une manière vraiment étrange : d'énormes masses s'en détachèrent et tombèrent dans les vallées situées à leur base.

Parmi les autres événements extraordinaires du tremblement de terre de Lisbonne, on cite l'affaissement d'un nouveau quai tout en marbre et qui avait été bâti à grands frais. Une multitude de personnes s'y étaient réfugiées, pensant qu'elles y seraient à l'abri de la chute des décombres, lorsque tout à coup le quai s'enfonça avec tous ceux qui s'y croyaient en sûreté, et l'on ne revit pas un seul cadavre des victimes flotter à la surface des eaux. Un grand nombre de bateaux et de petits bâtiments amarrés dans la baie, et remplis de monde, furent engouffrés comme dans un tournant, et *jamais aucun débris n'en reparut à la surface.* Suivant quelques auteurs, la sonde, dans l'emplacement qu'occupait l'ancien quai, n'aurait pu atteindre le fond de la mer.

Sans doute une cavité profonde et étroite s'est-elle ouverte et refermée ensuite dans le lit du Tage, après avoir englouti tout ce qui se trouvait au-dessus d'elle.

L'espace considérable sur lequel sévit cette convulsion est extrêmement remarquable. On a estimé, dit Humboldt, que la portion de la surface du globe, qui fut immédiatement ébranlée par le choc du 1er novembre 1755, est égale à quatre fois l'étendue de l'Europe entière. La secousse se fit sentir dans les Alpes, et, sur la côte de la Suède, dans les petits lacs intérieurs qui se trouvent sur les bords de la Baltique, dans la Thuringe, dans la contrée plate de l'Allemagne septentrionale et dans la Grande-Bretagne. Les sources thermales de Toplitz furent taries, et rejaillirent ensuite, en inondant tout le pays d'une eau couleur d'ocre. Dans les îles d'Antigoa, dans les Barbades et à la Martinique, dans les Antilles, la marée qui ne monte ordinairement qu'à la hauteur de $0^m,60$, s'éleva subitement à celle de 6^m ; l'eau avait perdu sa couleur naturelle et était noire comme de l'encre. Le mouvement fut également sensible dans les grands lacs du Canada. A Alger et à Fez, au nord de l'Afrique, l'agitation du sol fut aussi violente qu'en Portugal ; des milliers d'habitants furent engloutis.

Le 28 octobre 1724, Lima fut détruite par un tremblement de terre. La mer s'éleva à 27 mètres au-dessus de son niveau moyen, à Callao, port de

Lima, se précipita sur la ville et l'enleva si radicalement qu'il ne resta plus une seule maison.

On retrouva des vaisseaux couchés sur la terre ferme, à une lieue du rivage.

Le 13 août 1868 commencèrent les tremblements de terre qui désolèrent les rives occidentales de l'Amérique du Sud. La violente secousse de ce jour s'étendit d'Arica jusqu'à Callao, au nord (4875^{km}), et jusqu'à Cabijia, au sud (2100^{km}). Le mouvement du sol communiqué à la mer produisit une vague qui mesurait 13 mètres de hauteur, à Iquique, et qui partit de là pour s'étendre sur l'Océan tout entier, jusqu'aux îles Chatam, jusqu'aux îles Sandwich, etc., avec une vitesse dépendant de la profondeur de la mer (croissant avec la profondeur), comme nous l'avons vu, à propos des vagues océaniques du Krakatoa.

*
* *

Pouvons-nous obtenir une explication complète des causes qui produisent de pareils mouvements du sol ?

Les théories ne manquent pas ; mais sont-elles satisfaisantes ?

La théorie que l'on pourrait appeler classique considère le globe terrestre comme une sphère en fusion recouverte d'une mince pellicule. Admettant que l'accroissement de chaleur observé à mesure qu'on descend au-dessous de la surface, et qui est en moyenne d'un degré pour 30 à 35^m, se continue, cette théorie conclut que l'accroissement est de 3° environ pour 100^m, de 30° pour 1 000^m, de 300° pour 10 000^m, de 3000° pour une profondeur de 100 kilomètres ; elle indique même 200 000° pour le centre du globe. Mais rien n'est moins prouvé que la continuité de cette progression, observée seulement dans les couches superficielles, nos mines les plus profondes et nos tunnels n'étant que des piqûres d'épingles dans l'épiderme de la planète.

Il est difficile d'admettre cette fluididité du globe. Si l'écorce solide n'avait que 50^{km} à 60^{km} d'épaisseur, si ce globe était liquide, l'attraction du Soleil et de la Lune produirait des marées formidables qui, deux fois par jour, passeraient sous nos pieds. De plus, le phénomène astronomique de la précession des équinoxes serait tout différent de ce qu'il est, l'aplatissement polaire ne serait pas de $\frac{1}{292}$ à $\frac{1}{294}$. D'après les travaux de M. Roche, le globe doit être solide, ou au moins pâteux, depuis $\frac{1}{6}$ du rayon (environ 1000 kilomètres) jusqu'au centre.

D'après l'ensemble des considérations géodésiques et astronomiques, la masse du globe terrestre n'est pas liquide. La pesanteur au centre est nulle; la pression, au contraire, y atteint son maximum et peut s'élever à 3000000 de kilos par centimètre carré ; 3 millions d'atmosphères : la masse du globe doit être à l'état *pâteux*.

Les volcans ne sont pas des cheminées par où s'échappent les matériaux en fusion du foyer intérieur. Le nature des laves, l'analyse des vapeurs vomies, la distribution des volcans à proximité des mers, prouvent que la vapeur d'eau joue le rôle le plus important et le plus considérable dans ces phénomènes.

Quant aux tremblements de terre, il y en a de plusieurs sortes, et ils n'ont pas tous la même cause.

Demander une théorie générale qui explique tous les tremblements de terre équivaut à demander une théorie qui explique tous les accidents qui arrivent journellement à Paris et dans l'humanité entière.

Il nous suffit de comparer les plus récents pour nous rendre compte de leurs différences de caractère : tremblement de terre de Chio, 3 avril 1881 (3650 victimes); tremblement de terre d'Ischia, 28 juillet 1883 (2443 victimes); éruption du Krakatoa, 26 août 1883 (40000 victimes);

tremblement de terre d'Espagne, 25 décembre 1884 (2500 victimes); tremblement de terre de Baramula, vallée de Kachemire, Asie centrale, 17 juin 1885 (3080 victimes); tremblement de terre de Charleston, 31 août 1886, qui ébranla toute la Caroline, etc.; ce sont là les plus graves et les plus terribles de ces dernières années. Nous pourrions leur en ajouter un grand nombre d'autres, qui n'ont pas été si destructeurs mais qui ne seraient pas moins intéréssants au point de vue de la théorie, tels, par exemple, que celui du 22 avril 1884, en Angleterre, qui s'est étendu sur une surface de 125000 kilomètres carrés et a plus ou moins endommagé 1213 maisons, 20 églises et 11 chapelles; ceux des 24 juin et 5 août 1885 à Dorignies, près Douai (Nord); ceux qui ont eu lieu en France même en ces dernières années (¹), et, au surplus, tous ceux dont

(¹) Il y a en moyenne une dizaine de tremblements de terre en France par an, toujours très légers. L'un des plus forts, parmi les plus récents, a été celui du massif breton, du 30 mai 1889, qui a été ressenti jusqu'à Paris.

nous publions chaque année la statistique dans l'*Astronomie* et qui sont au nombre de *plus de quatre cents par an*. La diversité du caractère des secousses, leurs foyers de production, les terrains où elles prennent naissance, prouvent avec évidence que les tremblements de terre ont *plusieurs causes absolument distinctes.*

Ceux d'Ischia, de Java et de Sicile sont incontestablement d'origine volcanique. Ceux d'Espagne, de Charleston et de Ligurie sont indépendants de toute éruption volcanique et produits par une force agissant à une grande profondeur, à la base des montagnes et à proximité de la mer.

Ceux de la Suisse, si minutieusement étudiés par M. Forel, paraissent être des tremblements de terre orogéniques dus à des éboulements, à des effondrements dans le massif des Alpes ; il ne se passe pas d'années sans qu'on observe en Suisse des éboulements, des glissements de terrains, lents ou rapides ; l'observatoire de Neuchâtel, par exemple, descend lentement depuis quarante ans qu'on observe ce mouvement ; l'éboulement du Rossberg en 1806, qui engloutit le village de Goldau, a été causé par l'abondance des pluies et par un glissement de la cime le long d'une couche d'argile ; celui du mont Périer, en Auvergne, en 1837, est dans le même cas, l'action mécanique et chimique des eaux désagrège les roches et amène inévitablement des modifications intérieures, des déblaiements, des tassements, etc. Aux environs de Bourbonne-les-Bains (Haute-Marne), il y a souvent de légères trépidations, en rapport évident avec les sources thermales de la localité.

Les tremblements de terre observés en France, en Belgique, en Allemagne, en Angleterre, paraissent dus à des causes locales dont plusieurs, du reste, se sont manifestées d'elles - mêmes, comme à Varangeville et ailleurs. Celui de Dorignies est même particulièrement curieux à cet égard : il a affecté le terrain crayeux qui, sur une épaisseur de 230 mètres, surmonte le terrain houiller, et *n'a pas agi sur celui-ci*; les ouvriers occupés dans les galeries n'ont absolument rien ressenti! Il importe donc, croyons-nous, de ne pas s'enfermer dans une explication trop exclusive, trop étroite et trop absolue.

Les volcans en activité produisent de temps à autre des commotions de diverses natures; mais, à côté et en dehors de ces commotions d'origine volcanique, il y a place pour un grand nombre d'autres mouvements du sol.

Dans le cas particulier décrit plus haut, de la Ligurie et des Alpes maritimes, on ne peut s'empêcher de remarquer l'analogie qui rattache ce mouvement à celui du 25 décembre 1884 en Espagne. Ici, comme en Espagne, il s'agit d'une chaîne de montagnes au bord de la mer. La commission chargée par l'Académie des Sciences d'étudier le tremblement de terre de l'Espagne a constaté que les secousses les plus violentes et les plus désastreuses se sont produites *sous les anciennes failles géologiques*, dans les dislocations de roches auxquelles on doit la configuration de cette partie de l'Espagne. Ces dislocations ou fractures constituent une base instable pour ces terrains. Les roches inférieures s'appuient obliquement les unes sur les autres et laissent des vides entre elles. On a ressenti des trépidations et des oscillations de bas en haut, exactement comme si des gaz et des vapeurs portés à une tension considérable étaient la cause essentielle et peut-être unique de ces commotions.

Les mêmes conclusions ressortent du tremblement de terre des Alpes maritimes.

Or, les cavités internes, les failles et les fissures qui existent à la base des montagnes et résultent de leurs soulèvements mêmes, reçoivent les eaux qui se sont infiltrées à travers les roches et dont on voit les carrières si souvent imprégnées (eau de carrière). Ces eaux atteignent une température d'autant plus élevée qu'elles sont plus basses, et certaines approximations placent le siège des ébranlements à dix, quinze et vingt kilomètres de profondeur. L'accroissement de la température donne un degré de chaleur plus que suffisant pour rendre compte de la vaporisation de l'eau et de sa force explosive.

*
* *

Nous pouvons voir, dans la tension de la vapeur d'eau intérieure surchauffée, dans les mouvements rapides des gaz brusquement développés ou subitement dilatés, la cause la plus probable de ces profonds tremblements de terre. La puissance mécanique dont sont capables de tels corps gazeux, est d'une énergie qui dépasse tout ce que l'on pouvait imaginer avant que, par des expériences précises, on eût mesuré des pressions de plus de 600 atmosphères. « Mieux que les ébranlements intérieurs de masses solides, les explosions de masses gazeuses surchauffées expliquent toutes les particularités des tremblements

de terre, écrit à ce propos l'illustre géologue
Daubrée, leur régime simulant des coups de bélier, leur violence, leur succession fréquente,
leur récurrence sur les mêmes régions depuis
bien des siècles ; ils expliquent leur prédilection
pour les contrées disloquées, surtout si les dislocations en sont récentes, et leur subordination
aux cassures profondes de l'écorce terrestre ».

Les secousses sismiques sont loin d'être répar-
ties au hasard à la surface du globe. Les contrées
les plus tranquilles sont, comme la France, la
Belgique, une partie de la Russie, celles dont les
couches ont conservé leur horizontalité première.
Les violentes commotions se font surtout sentir
dans les pays de montagnes, qui ont subi des accidents mécaniques considérables et *ont acquis leur
relief actuel à une époque récente :* telles sont
l'Italie, la Sicile, les Alpes. Les contours des aires
ébranlées dans les tremblements de terre à grande
surface se rattachent d'une façon si frappante
aux lignes de dislocation préexistantes, que plu-

sieurs géologues ont regardé ces secousses comme ayant un lien étroit avec la formation des chaînes de montagnes. A toutes les époques géologiques, on constate les effets gigantesques des pressions latérales qui ont ployé et reployé les couches sur des épaisseurs considérables, et les ont fracturées dans tous les sens. Ces mouvements du sol continuent aujourd'hui, malgré la tranquillité apparente de la surface ; l'équilibre n'existe pas en réalité dans les couches du sol ; ici elles s'affaissent, là elles s'élèvent graduellement.

La vapeur d'eau acquiert une énorme tension, lorsqu'elle se produit à une température aussi élevée que celle des laves. L'eau qui pénètre à ces profondeurs se vaporise à une température qui dépasse certainement 500 degrés et atteint sans doute 1 000 degrés et au delà (température des laves qui s'échappent à la surface) ; d'ailleurs, la vaporisation a lieu sous un volume assez faible pour que la densité de la vapeur d'eau soit très peu au-dessous de celle de l'eau elle-même.

« Dans ces conditions de surchauffement, dit M. Daubrée, la vapeur d'eau acquiert une puissance dont les plus terribles explosions de chaudières ne donneraient pas une idée, si l'on n'en avait les résultats sous les yeux. » Et, en effet, dans des expériences entreprises par le savant géologue pour étudier l'action de l'eau surchauffée dans la formation des silicates, des tubes en fer d'excellente qualité et d'une épaisseur de $0^m,011$ firent plusieurs fois explosion, projetés en l'air avec un bruit comparable à celui du canon. La température n'était cependant que de 450 degrés, et quelques centimètres cubes d'eau suffisaient pour produire un tel effet. Qu'on juge par là de la force explosive que doit avoir la vapeur d'eau, lorsqu'elle se forme dans les profondeurs des couches du globe, à des températures beaucoup plus élevées et dans des conditions de pression l'obligeant à se condenser dans un volume restreint.

Du reste, est-ce bien là *une hypothèse* que cette

explication des grands tremblements de terre par la force de la vapeur ? Le mot n'est-il pas un peu trop modeste. En fait, nous avons sous la main de l'eau et de la chaleur : pourquoi refuser de les voir en œuvre ? On dit généralement que toute l'eau enlevée à l'Océan par la chaleur solaire et qui va tomber en pluie ou en neige sur les continents, retourne à la mer par les sources, les ruisseaux, les rivières et les fleuves. Cette circulation n'est pas absolue ; pour qu'elle le fût, il faudrait que l'eau des pluies, en arrivant sur le sol et en le traversant, rencontrât *toujours* et *partout* une couche d'argile imperméable. Or, rien ne prouve qu'il en soit ainsi, et tout conduit à penser le contraire. Les roches les plus profondes sont impré gnées d'eau ; d'autre part, l'aspect géographique de la planète conduit à penser que les mers ont diminué d'étendue depuis les premières époques géologique, et si nous examinons notre voisine la planète Mars, qui, selon toute probabilité, est beaucoup plus âgée que la nôtre, nous constatons qu'elle ne possède plus de grands océans, mais seulement des méditerranées peu étendues.

Maintenant, que la vapeur d'eau forme la majeure partie des fumées volcaniques, c'est ce qui a été démontré depuis longtemps par Charles Sainte-Claire Deville. M. Fouqué a estimé à plus de deux millions de mètres cubes la quantité d'eau qui est sortie de l'Etna sous forme gazeuse pendant l'éruption de 1865 ! Au surplus, si l'on jette les yeux sur une carte de la distribution des volcans à la surface de la Terre, on voit qu'ils sont presque tous situés sur les bords de la mer ou à proximité de grands amas d'eau. De plus, lorsqu'on apprécie la violence des éruptions volcaniques, lorsqu'on voit, par exemple, 50, 80 et 100 milliards de mètres cubes de laves et de pierres ponces projetées par cet effort épouvantable, il est bien difficile, il est presque impossible, de ne pas conclure qu'il existe une liaison intime entre l'eau et les phénomènes volcaniques, et que la force qui soulève les torrents de lave doit être la tension de la vapeur.

On sait que le point d'ébullition de l'eau est la température à laquelle la tension de la vapeur égale la pression qui pèse sur le liquide. Ainsi, l'eau bout à 100 degrés sous la pression barométrique ordinaire, à 180° sous une pression de 10 atmosphères, à 225° sous 25 atmosphères, etc. La tension de la vapeur *augmente beaucoup plus vite que la température*, et l'on peut admettre qu'elle atteint 1200 atmosphères vers 600 degrés, 5000 atmosphères vers 1000 degrés, et probablement 10 000 atmosphères vers 1300 degrés. Or, la température des laves au fond des cratères a été estimée à plus de 1500 degrés, car on a vu des métaux réfractaires se fondre au voisinage d'un courant de laves. Eh bien ! une tension de 5000 atmosphères suffirait pour soutenir le poids d'une colonne de laves de 18 kilomètres de hauteur, et une tension de 10 000 atmosphères équivaudrait à l'effort que les gaz de la poudre produisent dans un canon de gros calibre. Il y a donc là une force plus que suffisante pour expliquer les effets mécaniques dont les volcans et les tremblements de terre nous offrent le terrifiant spectacle, et même pour rendre compte de l'effroyable explosion du Krakatoa.

Concluons donc en disant qu'en dehors des trépidations du sol d'origines volcaniques, les grands tremblements de terre qui sévissent sur d'immenses surfaces et ont leur siège à plusieurs kilomètres de profondeur (M. Fouqué a évalué à 11 kilomètres la profondeur de l'épicentre du tremblement de terre de l'Espagne), *ont pour cause l'action de la vapeur d'eau* enfermée dans les cavités et les failles des dislocations profondes des chaînes de montagnes. La tension de la vapeur est là dans un équilibre instable qui peut être rompu par la moindre circonstance. Il n'est pas facile de trouver cette circonstance déterminante. Le tremblement de terre de l'Espagne a été précédé de perturbations atmosphériques telles, que les ingénieurs ne pouvaient même plus se servir du baromètre pour prendre leurs niveaux : une forte baisse barométrique déplaçant de plusieurs millions de kilogrammes la pression peut avoir déterminé cette rupture d'équilibre, comme elle le fait pour le grisou. Lors du tremblement de terre de Nice, les conditions étaient tout autres, l'atmosphère était absolument calme et la pression atteignait 770^{mm}, mais on peut remarquer que les statistiques de M. Perrey, portant sur 27 500 tremblements de terre, établissent qu'il y a un peu plus de tremblements de terre aux Nouvelles et Pleines lunes qu'aux quadratures, que l'attraction de la Lune et du Soleil paraît agir là comme elle le fait pour les marées — avec beaucoup moins d'intensité — et que, dans la nuit du 23 février, quelques heures avant le tremblement de terre, il y a eu non seulement Nouvelle Lune, mais encore éclipse centrale de Soleil, la Terre, la Lune et le Soleil s'étant trouvés sur une même ligne droite. La coïncidence est-elle purement fortuite? Il serait téméraire de l'affirmer.

Cette conjoncture a été sanctionnée par le fait

que le jour de la grande marée, le 11 mars, de nouvelles secousses, non insignifiantes, ont été ressenties à Port-Maurice, Bordighera, Menton, Nice, Cannes, Digne, ce qui confirme les indications données par la statistique générale.

Les statistiques de M. de Parville montrent aussi que les tremblements de terre se produisent de préférence quand le Soleil et la Lune ont même déclinaison. — Ce ne sont pas là des causes, assurément, mais des occasions. La cause des principaux tremblements de terre non volcaniques n'est autre, selon toute probabilité, que l'*arrivée de l'eau sur les couches en fusion, la transformation de cette eau en vapeur et la tension de cette vapeur.*

D'après la comparaison des innombrables documents fournis par les observations de tremblements de terre et d'éruptions volcaniques, d'après les résultats obtenus par la mesure des températures des couches profondes, d'après l'ensemble des indications géologiques (Humboldt, Daubrée,

Fouqué) ainsi que des considérations géodésiques et astronomiques (Hopkins, Thomson, Roche), nous sommes amenés aux conclusions suivantes :

La masse interne du globe doit être pâteuse, en raison de l'énorme pression qu'elle a à supporter, et sa densité moyenne doit être environ sept fois supérieure à celle de l'eau ; sa densité maximum est au centre. Ce doit être une pâte métallique inimaginable.

L'enveloppe externe a pour densité moyenne environ trois fois celle de l'eau et son épaisseur doit être d'environ $\frac{1}{6}$ du rayon, soit de 1 000 kilomètres. Cette enveloppe externe contient, à une faible profondeur (20 à 100 kilomètres), des laves en fusion qui, sans doute, ne forment pas une couche continue, mais plutôt des lacs isolés, car les marées qui s'y produisent ne sont pas très sensibles. Cette couche fluide doit s'élever dans les interstices des cavités et des failles formées à la base des montagnes par les soulèvements et les dislocations.

Les volcans paraissent produits par l'arrivée de l'eau sur cette couche en fusion. Il en est de même des tremblements de terre non volcaniques dont l'extension est considérable, et dont le foyer de production est très profond. Il y a d'autres tremblements de terre produits par des causes superficielles.

Ainsi, selon toutes probabilités, les tremblements de terre sont produits par les différentes causes que nous avons énumérées, en tête desquelles se place l'action de la vapeur d'eau dans les vides creusés par les dislocations dues à la contraction séculaire du globe. Les régions montagneuses déjà disloquées et les régions volcaniques sont plus exposées à ces commotions du sol. La France du Nord, la plaine de Paris, entre autres, présentent au géologue de remarquables conditions de stabilité, et l'on n'a point à redouter que la capitale du monde soit jamais renversée par des cataclysmes de cet ordre. On n'en pourrait pas espérer autant de l'Auvergne, dont les volcans pourraient peut-être se réveiller, comme le fit le Vésuve qui, dans l'antiquité, était éteint : les armées campaient dans son cratère endormi. Ces volcans ne sont pas très éloignés de la mer. Nos ancêtres les ont vus en ignition du temps de l'âge de la pierre.

En résumé, les terribles catastrophes dont nous venons d'écrire l'histoire auront donné à la science des aperçus nouveaux sur la solution de ce grand problème des tremblements de terre, et auront servi à soulever quelques-uns des voiles qui nous cachent encore la constitution intérieure de notre planète. C'est encore là une guerre, la guerre des éléments contre l'humanité, et ses victimes innocentes sont comme des holocaustes au Progrès. Autrefois, ces cataclysmes semaient la mort et la ruine sans offrir à l'homme la moindre compensation. Aujourd'hui, leur étude peut nous donner l'espérance d'éviter dans l'avenir une partie de ces pertes irréparables, en cessant de construire les habitations humaines sur les points de plus grande instabilité. Eh! dans notre douleur même, n'accusons pas trop la nature d'être une mère marâtre et de détruire les enfants auxquels elle a donné le jour, quand nous voyons que tous les tremblements de terre réunis, les cyclones, la foudre et toutes les causes de destruction étrangères à l'humanité font incomparablement moins de mal que cette humanité ne s'en fait à elle-même, de propos délibéré, par ses guerres perpétuelles, lesquelles versent le sang de *quarante millions* d'hommes par siècle, soit plus de mille par jour, sans jamais s'arrêter. Ainsi l'aveugle nature est beaucoup moins « aveugle » que nous, car elle ne détruit peut-être pas plus de cent mille hommes par siècle, c'est-à-dire incomparablement moins que l'humanité ne s'en assassine volontairement à elle-même.

Il est digne de remarque que nous connaissions bien moins la Terre que le Ciel, et que nous ignorions ce qui se passe à quelques kilomètres sous nos pieds, tandis que nous avons su peser et analyser des mondes gravitant à des milliards de lieues de distance !

Le seul moyen de connaître avec certitude la composition intérieure du globe terrestre serait de creuser un puits gigantesque de plusieurs kilomètres de profondeur. Un tel travail ne serait point au-dessus du pouvoir actuel de l'industrie. Ce puits serait une source de chaleur humainement inépuisable. Si les divers gouvernements s'entendaient pour diriger vers ce but tous les soldats de l'Europe (chacun employé suivant son corps de métier, etc.),ils remporteraient une victoire supérieure à toutes les exterminations passées, présentes et futures, en mettant au jour le mystère qui se cache sous nos pieds. Et comme, pendant ce travail, on aurait perdu l'habitude de se battre, l'humanité aurait gagné là un progrès en partie double, progrès scientifique et progrès social.

Tel est l'état actuel de nos connaissances sur

les tremblements de terre et leurs causes. Cet état n'est pas aussi définitif, aussi absolu que celui de nos connaissances astronomiques ; mais il vient de nous permettre d'élucider quelques-uns de ces antiques mystères, et il nous fait espérer que bientôt la Science saura étendre là aussi, vers l'intérieur du globe, comme elle l'a fait pour le monde céleste, le domaine de ses impérissables conquêtes.

TABLE DES MATIÈRES